中国灵渠古运河在水运交通史上的价值研究

吴喜德　著

内容简介

本书研究的内容涉及灵渠的发展历程、在中国古代交通中的地位和作用、在古代内河水运史上的成就和贡献、当代价值及利用分析等四大方面。除全面系统介绍灵渠古运河外,研究还包括了我国古代交通、我国古代水运发展史、国外运河保护利用经验借鉴等,内容涉及历史、现状和应用,运河环境和生态保护,运河文化及文化保护措施与经验等。

本书是全面、深入分析灵渠及中国古代交通和古代水运的发展史、古代运河发展成就、运河文化的研究成果。希望通过本项研究成果,为灵渠文化传播,灵渠申请世界文化遗产,灵渠的保护、传承和发展贡献一份力量。

本书适合对中国古代历史、文化、水运发展史、运河保护和利用等方面有兴趣和需求的读者阅读。

图书在版编目(CIP)数据

中国灵渠古运河在水运交通史上的价值研究/吴喜德著.—哈尔滨:哈尔滨工程大学出版社,2023.8

ISBN 978-7-5661-4087-6

Ⅰ.①中… Ⅱ.①吴… Ⅲ.①灵渠-水利史 Ⅳ.①TV632.674

中国国家版本馆 CIP 数据核字(2023)第 146224 号

中国灵渠古运河在水运交通史上的价值研究
ZHONGGUO LINGQU GUYUNHE ZAI SHUIYUN JIAOTONGSHI SHANG DE JIAZHI YANJIU

选题策划 夏飞洋
责任编辑 夏飞洋
封面设计 李海波

出版发行 哈尔滨工程大学出版社
社　　址 哈尔滨市南岗区南通大街 145 号
邮政编码 150001
发行电话 0451-82519328
传　　真 0451-82519699
经　　销 新华书店
印　　刷 哈尔滨午阳印刷有限公司
开　　本 787 mm×1092 mm　1/16
印　　张 8.5
字　　数 160 千字
版　　次 2023 年 8 月第 1 版
印　　次 2023 年 8 月第 1 次印刷
定　　价 42.50 元
http://www.hrbeupress.com
E-mail:heupress@hrbeu.edu.cn

前　言

灵渠位于中国广西壮族自治区兴安县境内，始建于秦代，是秦始皇发兵南征百越，为转运军需辎重而开凿，始称秦凿渠或零渠，唐代以后改称灵渠，近代又名兴安运河或湘桂运河。它与四川的都江堰、陕西的郑国渠并称为“秦代三大水利工程”，距今已有 2 200 余年的历史。

灵渠作为沟通长江流域与珠江流域的运河，历史上是中原与岭南重要的交通通道之一。在长达 2 200 余年的历史变迁中，灵渠不仅承担过保障军事征伐、维护国家统一、推动民族融合、沟通南北交通的重任，而且对我国各个朝代水运网络构建、人员往来和货物运输、城市兴起与繁荣、商业振兴、文化科技交流和对外交往等都发挥了重要的作用，做出了不可磨灭的贡献。时至今日，它仍在造福子孙后代。

灵渠作为中国乃至世界上著名的古老运河，是我国古代劳动人民智慧的结晶，是中国古代水利工程、航运工程建设技术的集大成者，有“世界古代水利建筑明珠”的美誉。郭沫若称之为“与长城南北相呼应，同为世界之奇观”。灵渠工程巧妙地利用山形水势，与自然融为一体，达到人与自然和谐共生，充分体现了我国古代水利工程“天人合一”的建设思想。灵渠工程的渠首选址、分水技术、弯道代闸、梯级船闸技术等多项技术理念至今仍被广泛应用于河流渠化和运河工程实践中，是越岭运河建设技术的领先者和船闸技术的首创者。《国际运河古迹名录》提道：“中国人在公元前 219 年建造的‘灵渠’是横贯江河流域的分水岭，它应该是目前已知最早的越岭运河。”

灵渠是中国古代运河工程的“活化石”。灵渠见证了中国封建时代朝代更替和封建制度从形成到没落的漫长岁月，几经荣衰，完成了中国封建时期所赋予的运输使命，但它并没有随着封建时代结束而失去防御作用，其河道和设施至今仍得到保护和利用，继续为当代的经济、社会和文化服务。随着近现代交通的发展及受灵渠规模局限性影响，其货运功能逐渐衰退，失去了昔日繁忙货物运输的盛景，成为历史的记载。对于今天依然矗立在岭南大地的灵渠遗迹而言，工程设施经历代保护仍保持完整，已成为中国古代运河工程的“活化石”。在进入中华民族伟大复兴中国梦的新时代，灵渠除了依然发挥灌溉、供水和生态功能等作用外，仍继续书写新的历史诗篇，发挥着传承与弘扬古运河文化的重要作用。

灵渠需要加强保护和实现可持续发展。目前，灵渠是全国重点文物保护单位和世界灌溉遗产，并入选“世界文化遗产预备名单”，正在推进正式申报世界文化遗产。它的珍贵价值已被更多人关注和了解，也会为其发展和可持续利用开辟更为广阔的前景。为确保灵渠的完整性、真实性，各级政府正在制定科学、合理、系统的保护利用规划和政策措施，以加强灵渠遗产保护工作，并调动社会各界的积极性，广泛参与，同心聚力保护好这一珍贵文化遗产。在灵渠遗产保护的基础上，利用、传承好灵渠文化，对延续历史文脉、推动灵渠沿线城乡建设高质量发展、坚定文化自信、建设社会主义文化强国具有重要意义。我们要将灵渠古运河文化与自然环境、生态环境、经济环境实现融合，继续保持它的历史活力，实现可持续发展，泽被后世。

灵渠的价值需要深入研究、传承和弘扬。依托灵渠悠久的历史文化，从历史的角度分析其对国家、民族、社会、经济等方面的影响，进一步挖掘航运、文化、历史、科技、旅游、生态等当代价值，可使人们更多、更深入地了解其历史、文化，以及中华民族的智慧、勤劳。对灵渠进行全面深入研究，了解灵渠建设维护历史和发展历程，发现灵渠巨大的价值，传播灵渠运河文化，促进运河保护和发展，是当代炎黄子孙义不容辞的责任和神圣使命。

本书旨在研究灵渠历史文化价值及其地位、作用，弘扬其当代价值，并对其保护传承提出建议。研究内容涉及灵渠的发展历程、在中国古代交通的地位和作用、在古代内河水运史上的价值和成就、当代价值及保护利用等四大方面。本书的内容除全面系统介绍灵渠古运河外，还包括我国古代交通、我国古代水运发展史等，涉及历史、现状和应用，运河环境和生态保护，运河文化及文化保护措施与经验等。本书是全面、深入分析灵渠及中国古代交通和古代水运的发展史、古代运河发展成就、运河文化的研究报告。

灵渠价值研究涵盖多个学科，跨越 2 200 多年时间，涵盖历史、现在和未来，内涵非常丰富，涉及范围广阔。虽然国内科研单位及学者做了研究，取得了一些成果，但是受文献和考古发现限制，灵渠历史文化研究的广度、深度和水平与大运河研究相比还存在一定差距，还有大量的灵渠价值内涵等待我们去研究、发掘、探索。本书只是从灵渠在中国水运交通史上的价值方面进行了探索研究，希望通过本书研究成果，为灵渠文化传播，申请世界文化遗产，以及灵渠的保护、传承和发展贡献一份力量。

著　者

2023 年 4 月

目　　录

第一章　灵渠的发展历程

灵渠位于中国广西壮族自治区兴安县境内，始建于秦代，旧称秦凿渠或零渠，唐代以后改称灵渠，近代又名兴安运河或湘桂运河。灵渠全长36.5公里，分为渠首枢纽段、北渠段和南渠段。灵渠跨越长江水系与珠江水系分水岭，引湘江上源之水而接漓江，是中国乃至世界上最古老的越岭运河。灵渠自秦代建成以来，已逾2 200余年的历史。秦统一六国后，秦始皇发兵南征百越，为转运军需粮饷而开凿了这条运河。它与同时代开凿的位于四川的都江堰、陕西的郑国渠并称为"秦代三大水利工程"。先秦时期，各诸侯国修建了众多的运河工程，如鸿沟、邗沟等，现在大部分已无遗存，唯有都江堰、灵渠经历代的维护，直到今天，还在发挥作用。

自秦代开凿以来2 200多年的历史长河中，灵渠一直是连接长江水系与珠江水系以及中原地区与岭南地区的水路交通要道。灵渠以兴安为基点，南渠连接漓江往西南行可到达桂林，再连接桂江往东南行抵达梧州，进入西江，经珠江水网通到广州及珠三角地区；北渠连接湘江，途经永州、衡阳、长沙入洞庭湖，从城陵矶出口入长江。可见，全长不足40公里的灵渠，连通了中国的珠江与长江两大水系，进而经长江通过大运河沟通淮河流域、黄河流域、海河流域，实现了珠江、长江、淮河、黄河、海河水系的连通，从而构成了辐射全国的水运网络系统。从国家内河水运网络系统的架构及其地位和作用来看，灵渠是一条关键性的运河。灵渠古运河的凿通，对实现和巩固国家统一，加强中国南北政治、经济、军事、文化的交流，密切各族人民的往来，都起到了积极作用，是具有重要战略意义和历史文化价值的运河。

从中国历史文化遗存来说，灵渠是一块亮丽的文化瑰宝，是我国古代水利工程的杰出代表。它找到了连接不同水系两条河道的最佳结合点，成功解决了越岭运河的渠道和水源问题，创造了世界最早的船闸，并以此闻名中外。1996年，国际工业遗产保护组织（TICCIH）编制的《国际运河史迹名录》中提道，"世界上已知最早的跨越河流流域间明显分水岭的运河是中国人在公元前219年建造的'灵渠'"。

灵渠巧夺天工的水利工程技术,蜿蜒盘旋的水道与沿河自然、人文景观完美融合,是中国古代先民在运河修建方面创造性智慧的结晶,体现出秦代水利工程建设在科学技术方面的高超成就,以及人类与自然的和谐关系。所以说,灵渠古运河在源远流长的中华文明中是一块文化瑰宝。

第一节 灵渠的建设历程

灵渠作为沟通长江水系与珠江水系的重要战略性水路运输通道,在中国历史上各个时期都具有重要的战略地位,在军事、政治、经济、文化、科技等方面都发挥着重要作用。正是由于灵渠特殊的战略地位和作用,自秦代开凿以来,各个朝代都对它进行不断改进和完善。今天的灵渠虽历经两千多年的风雨洗礼,但仍基本保持原来的面貌,成为世界上现存保持最完整的古代水利工程之一,也是我国乃至世界水利航运史上一颗璀璨的明珠,具有重要的历史文化价值。

灵渠的演进与中国水利及航运工程技术的进步相一致,都是每一个历史时期科学技术进步和技术水平的反映。如今的灵渠虽然仍保持着秦代开凿时的历史遗存风貌和形态,但它的建筑设施乃是唐代至清代,其中更多的是明、清两代时的建筑形态和特征。灵渠附属设施除少部分被损坏外,其他基本保持原来的面貌。下面对灵渠的开凿背景,以及在各个时期的工程建设、改进和完善的技术和文化要素分别进行论述。

一、秦南征百越及开凿灵渠的背景

(一)秦南征百越动机分析

"六王毕,四海一"[①]"六王失国四海归"[②]。秦始皇二十六年(前 221 年),"秦初并天下""六王咸伏其辜,天下大定""今海内赖陛下神灵一统,皆为郡县"[③],秦吞并六国,一统中原,建立起一个统一的中央集权的强大国家——秦王

① (唐)杜牧:《阿房宫赋》,《樊川集》卷一。

② (宋)莫济:《次韵梁尉秦碑》,《宋诗纪事》卷四七。

③ (汉)司马迁:《史记》卷六《秦始皇本纪第六》。

朝,并奠定中国本土的疆域和中国两千余年封建政治制度的基本格局,“自秦以后,朝野上下,所行者,皆秦之制也”[①]。秦统一中原后,“分天下以为三十六郡,郡置守、尉、监。更名民曰‘黔首’,大酺。收天下兵,聚之咸阳,销以为钟鐻,金人十二,重各千石,置廷宫中。一法度衡石丈尺。车同轨,书同文字”[②],强化中央对地方的控制,加强了大一统的凝聚力,建立了较完善的政治、军事、经济、文化、社会等各项制度,统治地位基本巩固。

秦帝国建立以后,虽有强大的军事力量和经济实力,但南北威胁犹存。为巩固秦帝国政权,保障疆土安全,也为了开疆拓土,扬秦帝国之威,秦帝国凭借强大的军事力量和雄厚的经济实力,北击匈奴、南征百越,一统中国。

1. 南征北伐,消除威胁

秦帝国虽统一中原,但周边安全环境仍面临威胁和挑战,尤其是西北胡人、岭南越人仍存在着现实和潜在的威胁。秦帝国北部边郡从东到西依次有东胡、匈奴、月氏等三大部族,其中匈奴最为强大,匈奴对阴山以南的土地以及河南地虎视眈眈。史载“匈奴失阴山之后,过之未尝不哭也”[③],说明阴山以南对胡人的重要性。虽“燕人卢生使入海,以鬼神事,因奏录图书,曰‘亡秦者胡也’”[④]为谶言,但事实上,胡人确实对秦的统治构成了现实的威胁。为解决秦帝国北部胡人的军事隐患,“始皇帝乃使将军蒙恬发兵三十万人北击胡,略取河南地”[⑤]。

秦帝国南部的“百越”是物产丰饶、幅员辽阔之地。虽因山川所阻隔,远离中原,百越各部族自立君主、各自为政,但如形成新的权力中心,势必会对秦帝国构成潜在威胁。故始皇帝发兵征百越,“发诸尝逋亡人、赘婿、贾人为兵略取南越陆梁地,置桂林、南海、象郡,以谪徒民五十万人戍五岭,与越杂处。”[⑥]。

2. 开疆拓土,扬秦帝国之威

始皇帝二十八年,巡琅琊郡,封禅泰山,作琅琊台,立石刻,碑文有曰:“六合之内,皇帝之土,西涉流沙,南尽北户,东有东海,北过大夏,人迹所至,无不臣者。”[⑦]颂

---

① (清)恽敬:《三代因革论》。

② (汉)司马迁:《史记》卷六《秦始皇本纪第六》。

③ (汉)班固:《汉书·匈奴传》。

④ (汉)司马迁:《史记》卷六《秦始皇本纪第六》。

⑤ (汉)司马迁:《史记·秦始皇本纪》。

⑥ (宋)司马光:《资治通鉴》。

⑦ (汉)司马迁:《史记·秦始皇本纪》。

扬了始皇帝统一六国功绩之伟大、疆域之广袤。而在始皇帝二十八年,秦的疆域不过是七国故地,虽在东西两向疆域已达到界限,而南北疆域范围还名不副实。当时南有百越,秦尚未能居而有之,达不到碑文中的“南尽北户”。北方还在匈奴统治中,时刻威胁着秦帝国的安全。始皇帝要实现超越上古朝代的疆域,达到扩大疆域的目标,必须进行南征北伐,开拓疆土。另外,南越之地气候温暖,土地肥沃,物产丰饶,地域辽阔,可以作为中原民族移民生息发展之地。

秦帝国以强势王朝之势一统中国,拥有一支强大的军事力量。“秦国之俗,贪狼强力,寡义而趋利”①,实行商鞅变法带来的经济实力的增强,又使尚武传统得到强化。秦挟吞六国之虎狼之师,征服南北蛮夷之地,使之归化,既可彰显帝国之威,也可展现雄厚的军事资本和经济实力。此外,秦在未统一中国之前,已有征服巴蜀蛮荒之地的经验,而秦之所以能兴盛并征服六国,与其对巴蜀之地的开发直接相关,“天府之国”巴蜀源源不断的财富,为秦国扩张提供了充分的军事、经济实力保障。

3. 辟通道,开商路

东起大庾岭,逶迤向西,直迄越城岭的南岭山脉,横断南北,成为岭南和岭北地区古代交通的天然阻碍。秦以前,受南岭山脉阻隔,南北交通不畅,仅能借助五岭山脉之山隘小路作为通道,岭南与中原经济交往、文化交流及人员往来十分困难。

岭南地域辽阔,位于亚热带地区,气候温暖,土地肥沃,物产丰富,“且南海多珍,财产易积,掌握之内,价盈兼金”②,“旧交趾土多珍产,明玑、翠羽、犀、象、玳瑁、异香、美木之属,莫不自出”③,金银器物及各种水果等岭南特产荟萃,这些奇珍异宝为皇室及达官贵人所喜好,因地域差异,中原缺少这些特产。“(始皇帝)又利越之犀角、象齿、翡翠、珠玑”④,但五岭山脉的阻隔致交通不畅,而岭南又属秦之异域,秦帝国要永享这些财富,必须使岭南地区成为秦帝国的疆域范围,因此新开辟岭南与中原联系的运输通道,以利于开展贸易和商品的运输。秦军在秦以前穿越五岭古道的基础上扩建了越城岭水路“新道”(灵渠),使军事运输得到保障,达到了征服百越、拓展南部疆土的目的。这条“新道”通道在

① (汉)刘安:《淮南子·要略》。

② (南朝宋)范晔:《后汉书》卷76《循吏列传·孟尝传》。

③ (南朝宋)范晔:《后汉书》卷31《贾琮传》。

④ (汉)刘安:《淮南子·人间训》。

秦及以后各个朝代成为南岭与中原地区物资交流的交通要道。岭南地区及交趾的珠玑、翠羽、犀、象、玳瑁、异香、美木、金银器物，以及各种水果等岭南特产通过这条通道运到中原，中原先进的生产技术、文化、经济等也随着这条通道的开辟，源源不断地输入岭南地区，改变了岭南地区的政治、经济、文化落后状况，缩短了岭南地区与中原地区的政治、经济和文化差距，促进了岭南地区的发展。

（二）征战及灵渠的开凿

1. 南征作战方略

秦始皇决定南拓疆土，消除南部战略威胁，开辟交通，发展贸易，为中原民族开辟未来生存繁衍之地域。当时的百越各部落主要聚居在现福建的闽江流域及武夷山脉北麓、广东的内陆与海滨地区及南岭山地、广西的西江流域地区及桂北、桂南的山地、越南的红河流域。上述地区各个部落分散而居，尚未形成一个统一的权力中心，部落中以粤南人口较多，性情较为强悍。

对散布于百越各地的各部族，秦军的作战方略是采取分路进军，各个击之，略定各地。据《淮南子・人间训》记载，秦军向岭南及闽中进军是兵分五路，概略为“乃使尉屠睢发卒五十万，为五军，一军塞镡城之岭，一军守九疑之塞，一军处番禺之都，一军守南野之界，一军结余干之水”[①]。如遇百越族顽固抵抗者，则联系各路军合而击之。

2. 初征岭南

秦军兵分五路出征百越，但各路军进军速度有较大差异，除第一路军外，其他各路军都受挫。各路军进攻不顺虽与当时的政治形势、进军策略及百越族的抵抗有关，但道路交通条件的约束及运输保障困难是不可忽视的因素。秦与百越的边境，山脉纵横，南岭、大庾岭、武夷山等诸多山脉，都是高山峻岭，林木茂密连绵，通道稀少，均为原始山径小路。秦军粮草等大宗军用物资，由中原经长江、湘水、湖汉水（今赣江）后，再通过陆路运输翻越五岭后，或顺湞水（今湞江）而下溱水（今武江及北江），或循漓水而下入越，或循贺江而下入越，这种水陆兼程“水—陆—水”的交通运输方式在应对长期补给的后勤保障上，显然需要耗费更多的人力、物力及时间，尤其陆路运输段受五岭山地的阻隔，道路狭小且艰险，运输保障极为困难。由于粮草等物资无法保障前线部队的补给，加之气候

① （汉）刘安：《淮南子・人间训》。

瘴疫疾病等影响，秦军战斗力因而大大削弱，举步维艰，节节受挫，损兵折将，战事进展不畅，进攻受阻。《淮南子・人间训》载："三年不解甲驰弩，使临禄无以转饷。"①这充分说明了当时粮草等运输补给的困难。秦帝国要想顺利征服百越，交通建设及军事物资运输保障问题就必须得到解决。

3. 开凿灵渠

对于已一统中原的秦帝国来讲，国家并不缺少资源进行这场战争，但秦军需要的是一条运量足够大、运输成本足够低、运输保障水平高的交通线，将中原地区的作战物资送至前线。在当时技术经济条件下，开山辟路建设翻越南岭山脉的陆路运输通道必将耗费大量的人力物力及宝贵的时间，无法满足战争形势要求。这一时期，中原地区与岭南地区的交通主要依赖水路。《史记集解》引应劭曰："时欲击越，非水不至。"②因此，依据当时的技术条件，秦军能做的，就是在五岭群山中找到一处较低的山间谷地，开凿一条沟通长江水系与珠江水系的运河，实现粮草物资的全程水路运输。在治水和运河开凿方面，从大禹治水开始，至春秋战国时代，华夏民族在"治水"上已建设大量闻名于世的工程，改善了大自然的水环境，积累了丰富的治水经验。春秋时期吴国所修筑的联系长江与淮河的"邗沟"、沟通淮河与济水的"深沟"，以及魏国人开挖的打通淮河与黄河的"鸿沟"，都成功地将华夏核心区的四条独流入海的河流连接起来，促进了黄河、长江文明的融合发展。在有一定技术经验的情况下，秦军当务之急是找到一处开凿运河的适宜之地。

与连通江、河、淮、济四渎的平原运河工程相比，沟通长江水系与珠江水系要途经高山峻岭，开凿越岭运河要复杂和困难得多。从五岭山脉北南两侧的长江水系、珠江水系河流分布及当时的五岭南北运输通道和秦军的进军路线看，可能修建运河，实现两个水系沟通的线路有东中西三条线路可供选择，分别是：东线从赣江穿越大庾岭接溳水（连北江），中线从湘江支流耒水穿越骑田岭与萌渚岭接连江，西线从湘水穿过越城岭接漓水（图 1-1）。

首先，从地理形势判断。在三条可供选择的线路中，东线的大庾岭和中线的骑田岭、萌渚岭山势峻峭，两个水系河流上源相距都较远，并且河流相对高差较大，山体为坚固的岩石，开凿越岭运河自然条件复杂、工程量庞大、技术难度

① （汉）刘安：《淮南子・人间训》。

② （南朝宋）裴骃：《史记集解》卷一百一十三《南越列传第五十三》。

高,以当时的技术经济条件几乎没有实现的可能。而西线湘水与漓水两条河流上源相距较近,相对落差小,河流间地貌属丘陵地带,地势较低,并有天然孔道"湘桂走廊",开凿运河难度相对较小,是比较有条件兴建运河连接长江与珠江水系的地方。

其次,从后方依托条件判断。西线腹地的两湖地区是先秦时期楚国的核心区域,那里自然条件优越、物产丰富、商贸繁荣,历经多代经略,经济基础较好,距秦帝国核心地带又较近,能够充分保障各种作战物资的补给供应;而东线和中线条件则较差。

最后,从进军线路策略判断。如果秦军进入珠江中游的广西腹地,则下一步就可以顺西江而下,快速将军队推进到珠江中下游的珠江三角洲地区。如果开凿东线运河,即使能将赣江水系与珠江的"北江"相连,那么秦军能直接攻击重点——珠江三角洲地区,但之后秦军才能溯江而上征服南越腹地,会将秦军的征服时间拖得很久,逆流而上的运输也要付出更多的人力和物力。对于异地作战的秦军来说,是非常不利的。

通过上述自然地理及战争形势判断,秦始皇于二十八年(公元前 219 年)在西线的湘水—越城岭—漓水地带,命史禄开凿运河,即史载的"使监禄凿渠运粮"①,"又以卒凿渠而通粮道"②,这条越岭人工运河就是泽被后世的灵渠。灵渠的开凿,沟通了湘、漓二水,使长江水系与珠江水系联系起来,大量的秦军物资粮饷可由灵渠转运供应,秦军后勤补给得以保障。

4. 一统百越

灵渠凿通后,军需粮饷运输得到充分保障,秦军继续南征。"(始皇帝)三十三年,发诸尝逋亡人、赘婿、贾人略取陆梁地,为桂林、象郡、南海,以适遣戍"③。秦始皇三十三年(公元前 214 年),秦始皇依照预定的方略兵分五路南征,每路兵力五六万人。另外,征集逋亡人、谪贬之民及赘婿、贾人等,以及随军拓荒的移民十多万人。

第一路秦军由余干进入闽中,略定闽中地,设立闽中郡。第二路秦军由尉任嚣率领,由豫章南康之道南进,与由尉屠睢所率领的第三路军从长沙宜章之道南进,连续进击进入百越之地。尉屠睢初期的进军进展非常顺利,杀了部落

① (汉)司马迁:《史记》卷一百一十二《平津侯主父列传第五十二》。

② (汉)刘安:《淮南子·人间训》。

③ (汉)司马迁:《史记》卷六《秦始皇本纪第六》。

的酋长“译吁宋”,并长驱南进。但其进攻番禺时,越族抵抗非常顽强,酋长战死,越族人退入山岭丛林之中,誓不屈服秦军,并推举更凶悍的酋长继续抵抗。当尉屠睢军进至粤北乐昌之地,越族夜袭尉屠睢军地,尉屠睢战死,军队溃败,秦始皇此时只得派囚徒来防守南疆边界。《淮南子·人间训》载曰:“又以卒凿渠而通粮道,以与越人战,杀西呕君译吁宋。而越人皆入丛薄中与禽兽处,莫肯为秦虏,相置桀骏以为将,而夜攻秦人,大破之。杀尉屠睢,伏尸流血数十万,乃发适戍以备之”。[①] 此时,尉任嚣率领的第二路秦军由大庾岭越过南岭,绕到越族的后方,将越族击败,并收拾尉屠睢残军合为一路,继续南进,取得了番禺等地,一直抵达南海海滨,设置为南海郡。第五路秦军经由镡城,与第四路军由零陵联合进兵攻击桂北,占取了桂林等地,设置为桂林郡。秦军继续向南进军,追击南逃越族,进入了现越南北部地区,将现越南红河流域地区纳入秦国版图,设置为象郡。

秦帝国一统百越,平定了闽中及岭南桂林与现越南北部地区,分别设置闽中、南海、桂林三郡,随军迁徙的谪民、赘婿、贾人、农人等开发百越之地。

从秦帝国南征百越之战的过程看,战争的重要转折点之一是在秦军凿通了连接湘、漓二水的灵渠之后。灵渠通航使战争形势发生了根本改变,成为秦军取得最终胜利的重要保证。这条大运量的水上补给线,使秦军可以方便、快捷、持续地将大量中原地区粮草转运到前线,粮草的供给也得以解决,并最终平定了百越。灵渠的凿通不仅保障了战争物资的运输,而且使中原与岭南有了便利的运输通道,为秦及以后各朝代对岭南的进一步开发和对外交通打下了良好的交通基础。如果没有秦帝国开凿灵渠以服征百越,相信岭南地区经济社会文化的发展进程,会被大大推迟。

秦始皇用兵南征百越,因当时气候、瘴痢、疾疫及连续征战等致使秦军死伤甚多,耗费大量人力、财力和物力,导致秦帝国需要频征兵役、赋税和徭役来满足战争的需要,百姓负担非常沉重,引起了中原地区百姓的怨恨,也常为后世的史学家所不满。《淮南子·人间训》载:“当此之时,男子不得修农亩,妇人不得剡麻考缕,羸弱服格于道,大夫箕会于衢,病者不得养,死者不得葬。”[②]百姓受始皇帝南北征伐之累,遂奋臂大呼,天下席卷,秦遂失天下。但从国家民族总体角

---

① (汉)刘安:《淮南子·人间训》。

② (汉)刘安:《淮南子·人间训》。

度看，始皇帝为秦帝国开辟了南北万余里的疆土，使人民生存之地域大为扩展，其功绩也是不可磨灭的。

二、建设与维护历史

前面通过对秦南征百越的过程的概要介绍，使我们对灵渠建设的背景、战略选址和发挥的重要作用有了一定的了解。可以看出灵渠在当时的军事政治战略上具有重要的作用和巨大的影响力。此外，更主要的是开凿灵渠工程本身的技术水平充分体现了我国古人治水和修筑运河的智慧和创造力。灵渠之所以历经两千多年仍生生不息，至今依然在发挥它的功用，除了与历朝历代不断改进、完善、维修有关外，更重要的是它总体布局周密，渠首选址恰当，渠线选择优越，工程各部分布置合理及建筑物设计巧妙等，这些无一不彰显出其高超的科学技术水平。由于灵渠工程又吸收了都江堰等著名水利工程的先进技术经验，科学地利用当地的地形条件，工程措施独具匠心，不仅发挥了重要的军事作用，具有重要的历史地位，而且成为中国历史文化和科学技术史上的一颗明珠。现就灵渠建设和历朝维护情况及历史文化价值进行解读。

（一）灵渠工程的总体布局与建设

1. 灵渠工程的总体布局

灵渠工程主要由渠首与渠道两大部分组成，其中关系全局的也最能体现我国古人智慧和技术水平的关键点是渠首的选址和越岭渠线的选择。

（1）渠首选址

作为连接长江水系与珠江水系的越岭运河工程，灵渠战略选址的考量及选址地点前已论述。由于兴安县位于南岭山脉分水岭的最低处，即位于长江水系的支流湘江水系与珠江水系支流漓江分水岭的最低处，所以成为开凿运河的首选地。

人工运河是无源之河，需要筑坝壅水，充盈人工渠道，以利舟楫通行。因此，开凿运河首先要选择渠口开源引水，同时还须在沿途利用湖泊、河溪流补充水量，那么渠首位置的选择便是运河工程成功与否的关键。灵渠作为运河工程，其工程选址最关键、最重要的部分，同样是渠首位置的选择。

地处兴安的南岭山脉分水岭呈南北走向，最低处是太史庙山，也是分水岭最薄弱处，其东西宽度在400米左右。分水岭东侧山麓为湘江上源海洋河发源地，故使湘江向东北流；漓江上源支流始安水发源于分水岭西侧，所以使漓水向西南流。湘、漓二水上源的直线距离只有 1.6 公里,若在此处开凿成渠,沟通湘、漓二水应是最理想的地理位置。但此处山体较高,而湘源的高程较漓源低得多,开渠后水源不能自流,且始安水流量又小,必须以水量丰富的海洋河为主要水源,因此就需要筑高坝抬高海洋河水位。在当时的技术经济条件下,建筑高坝的技术复杂,工程量浩大,耗费巨大,在此处开渠的自然条件并不十分有利,要想用最短的距离直接沟通湘、漓二水难以取得成功。秦人溯水而上,发现海洋河上溯 2.3 公里处,此地与漓源始安水的高差仅有 6 米左右,在此修筑拦河坝工程量较小,技术难度不大,可以提高水位,开渠引湘入漓。

综上所述,灵渠渠首位置选址是综合考虑了地形、水资源条件等自然因素以及技术难度、工程量等技术经济因素,秦人最终将渠首选在湘江上游 2.3 公里的地方(今渠首位置)。这里是南岭山脉的最低处,渠首工程量较小,同时海洋河水位较始安水高差小,渠首建筑拦水低坝即可将湘江上游海洋河的水自流入始安水。灵渠渠首选址见图 1-1。

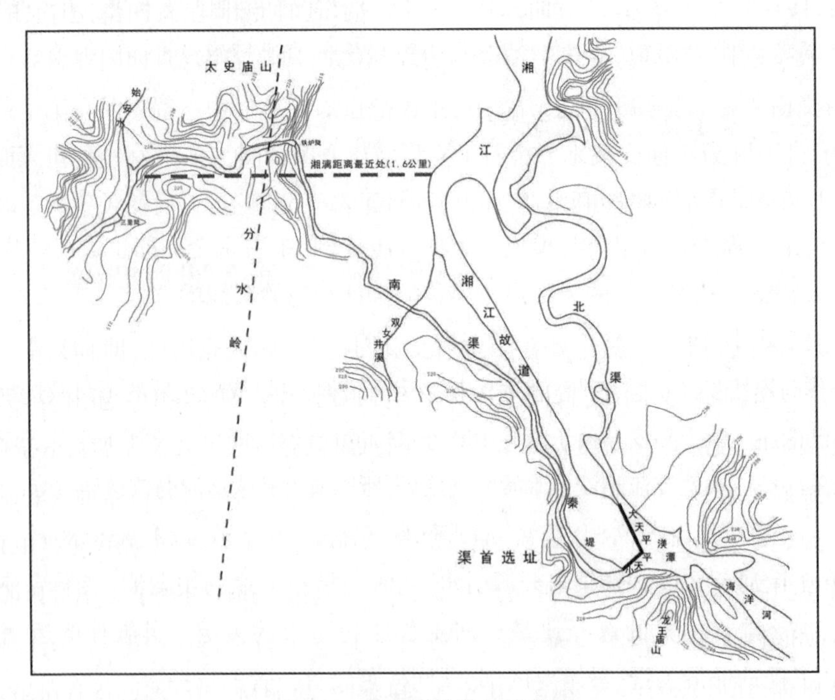

图 1-1　灵渠渠首选址示意图

(2)越岭渠线选择

渠首选址地点的确定,解决了筑坝引水的问题。接下来,秦人需要解决翻越分水岭的渠线走向问题。越岭渠线走向的选择是要解决如何将引来的海洋河水源越岭输至漓水的问题，以实现沟通湘、漓二水。而越岭渠线选择的关键又是在恰当的位置上解决翻越分水岭的问题。从地形看，有两条线路可供选择（图 1-2）。

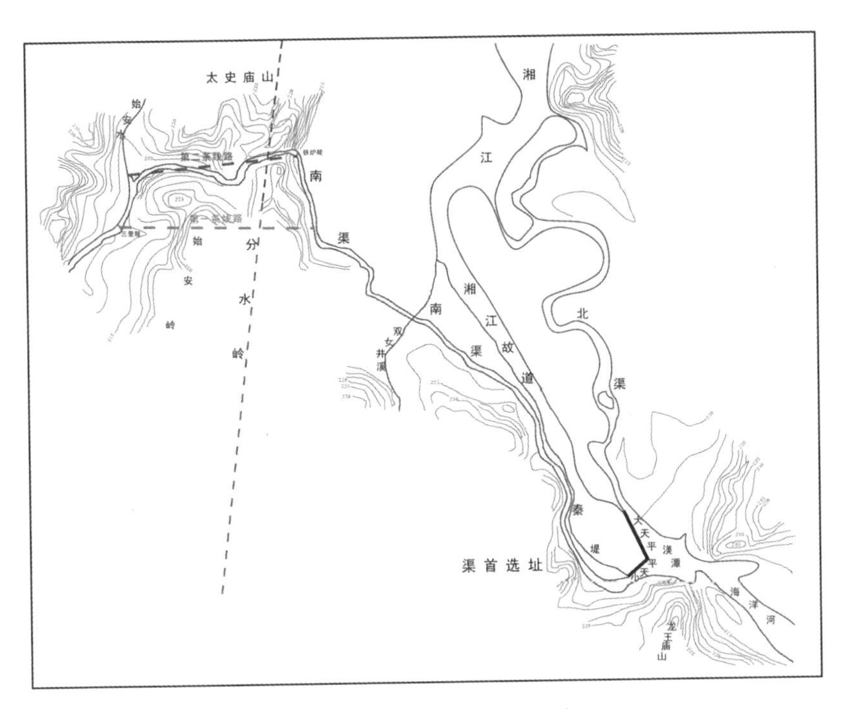

图 1-2　灵渠越岭渠线选择示意图

从图 1-2 可以看出，灵渠越岭渠线有两条路径可供选择：一是凿开始安岭直取三里陡，连接始安水；二是劈开太史庙山峡谷，渠道抵达现在的铁炉村。第一条路线开凿分水岭山体的宽度 600～500 米，相对高度约 30 米；第二条路线开凿分水岭山体的宽度 370 米左右，相对高度约 20 米。因此，劈开太史庙山峡谷开通渠道，能很好地利用湘漓分水岭中最低、最狭窄的山间峡谷处，可使越岭渠道开凿的技术难度和工程量大大减少，是最优的渠道越岭渠线引水方案。渠首引水渠口至分水岭前端 3. 1 公里渠段，沿着分水岭山脚半填半挖，填土渠堤既傍山又平行于湘江故道。渠道与湘江故道平行，相距很近，最近处只以秦堤相隔。从灵渠的渠线走向看，秦人是经过一番详细勘测并进行过周密设计的，他们充分利用了地形条件，使得渠道选线十分巧妙，工程量也最小。以今天技术水平来看，灵渠的渠线在地质上、地形利用上都很科学，显示了较高的测量水平,体现出我国古代劳动人民已具有丰富的水利建设实践经验和高超的聪明才智。

(3)总体布局

灵渠渠首位置和渠道走向确定之后,秦人必须以渠首和渠道为核心,总体布局一系列的工程设施,才能实现通航目的。其中,渠首布置了铧嘴、大小天平、南北陡门等设施,起分水、壅水和控制通航水位等功能;渠道布置了南北渠道、陡门、大小泄水天平及秦堤等建筑物,起通行舟船、控制渠道水位、防洪和泄洪等功能。灵渠工程总体布局见图1-3。

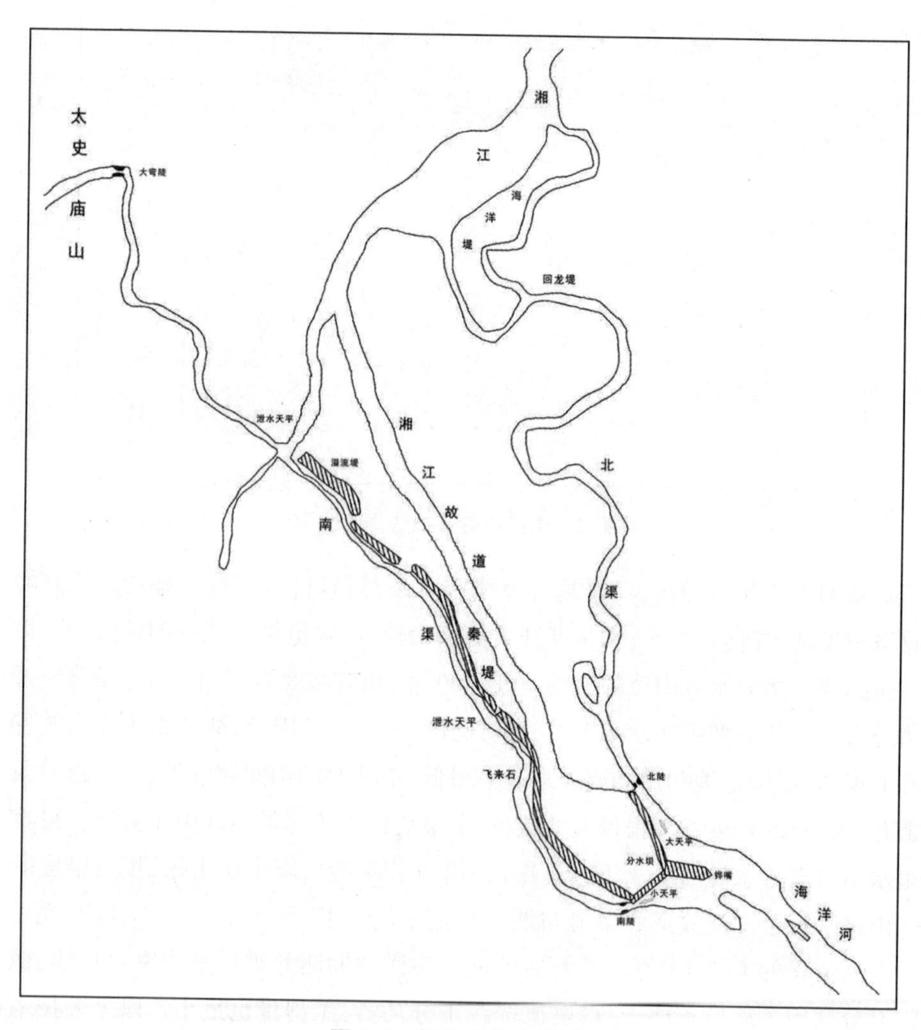

图1-3　灵渠总体布局图

从灵渠总体布局可以看出，渠首、渠道及其附属工程相辅相成，各部分功能明确，是一个有机联系的、灵巧的及协同联动的系统工程。灵渠工程总体布局的科学性、配套设施的完整性，各部分衔接的紧密顺畅性充分体现了中国古代劳动人民高超的技术水平和具有全局规划的理念。

2. 灵渠各设施的建设

（1）铧嘴

分水铧嘴建在分水塘处，深入渼潭深泓中，其作用与都江堰的鱼嘴相似，是一种分水设施，但分水的目的有所不同，铧嘴的主要作用是分水通航，鱼嘴的主要作用是分水灌溉。铧嘴前锐后钝，形状似犁铧而得名。它位于大小天平的前方，锐端所指方向与海洋河主流方向相对，将上游来水一分为二，沿大小天平分别流入南渠和北渠。铧嘴除起分水作用外，还起着保护大小天平的作用。铧嘴由长方石块叠砌而成，高约 6 米，长约 74 米，宽约 23 米。由于南渠容纳水的流量较北渠要小，因此铧嘴的位置并不位于江心，而是偏向海洋河左岸南渠一侧，对上游来水不是平分而是大致成 3：7的比例分流，约将海洋河三分之一的流量入南渠，故有“三分入漓，七分入湘”之说。

（2）大小天平

大小天平是利用河中沙洲地形筑成的一座人字形“铧堤”（溢流坝），与铧嘴紧接在一起。铧堤截湘江使水南北分流，分别流入人工开凿的南北渠道中。引向南渠的一侧铧堤称为“小天平”，引向北渠一侧的称为“大天平”。大小天平布置成人字形，堤体内高外低，顶面由临水面向背水面倾斜。临水面以巨石平铺，石块间有楔形铁锭连接，基础为密排木桩。天平由石灰岩结砌而成，块间紧密挤靠，相接处凿有石穴，当中打入铁马子，使其紧密相靠。天平面为大片面石层层嵌砌，直立插下，块间紧密挤靠，形如鱼鳞，称为“鱼鳞石”。它的抗冲击性较一般砌法强，可减小下泄水流的冲击力，也可充填河水带来的泥沙于鱼鳞间，使鱼鳞石越加紧密。

古人称“铧堤”为“天平”，就是因其能调节流量，使渠水枯水期不竭，丰水期不溢，常年保持渼潭水位的稳定、平衡。

大小天平在灵渠中的作用主要体现在：一是它壅高了湘江的水位，既减少了南渠过分水岭开凿的工程量，又在堤前形成了一个小水库，称作渼潭，把水位提高到 6 米，使湘江分水入漓江成为可能；二是天平与铧嘴相配合，合理地分配南渠和北渠的进水量。大天平长 380 米,小天平长 120 米,两者的长度比与分水铧嘴将海洋河水三七分的比例关系基本一致。南渠进口处流量一般为 5~6 立方米/秒,北渠进口处流量为 11~12 立方米/秒,当上游来水低于南、北二渠流量之和时,大致为三七分来水,以保证南、北渠有相应的通航水量;三是天平坝身全部为溢流段,当来水超过上述流量时,特别是在洪水期,天平顶面水自行溢流,泄入湘江故道,使水量有所归,保证南北渠道安全;四是拦河蓄水,当在枯水季可拦截全部河水入渠,可保证南北渠能维持船只通航所需的水量。铧嘴和大小天平如图 1-4 所示。

图 1-4 铧嘴和大小天平图

铧嘴和大小天平(铧堤)都是灵渠的关键设施,它们设计精巧,就地取材,施工简单,使用效果良好,体现了非常高的水利工程技术水平,具有较好的经济性和适用性,充分反映了 2 200 年前中国古代劳动人民的智慧和创造力。南宋诗人范成大《铧嘴》诗云:“导江自海阳,至县乃弥迤。狂澜既奔倾,中流遇铧嘴。分为两道开,南漓北湘水。至今舟楫利,楚粤径万里。人谋敓天造,史禄所经始。”①

(3)南北渠道

灵渠分南、北渠道,其中南渠是主体,是引湘水入漓水的渠道。南渠从分水塘的南陡起,至溶江镇汇入大溶江的灵河口止,全长 33 公里,沿途纳始安水和清水河及其他溪流充实了渠道的水量,因势利导地利用了天然河道,大大节省

① (宋)范成大:《范石湖集》卷十三。

了南渠工程量。南渠工程可分为三段,分别为人工段、半人工段和天然河段。第一河段:从分水塘南陡至漓江支流始安水相接处,长3.9公里,为人工开挖河段。其中,南陡至现兴安县城段,沿全义岭山脚开挖,走向与湘江保持平行,最近处只以秦堤相隔,南渠与湘江故道形成高低不同的两条水道;渠道至大湾陡村穿越太史庙分水岭,渠道两岸高达15米,河谷呈V字形,后西折至铁炉村附近接始安水。第二河段:从始安水相接处到清水河汇入灵渠处,长6.7公里,是将始安水的天然河道进行拓宽和浚深的半人工渠道。第三河段:从清水河汇入处之大溶江口接入漓江的最后一段,长22.4公里。原河道较宽,浅滩较多,历经多次疏浚,是经过人工整治的天然河道。

由于铧堤截壅湘水后,不能再由湘江越坝行舟,便在故道之右,人工开凿北渠。北渠自分水塘分流而出,向北渠道逶迤曲折,蜿蜒于湘江冲积平原间,借洲子上村再入湘江,全长约3.5公里,渠道较宽,13~15米。北渠的直线距离仅1.5公里,而实长3.5公里,古人为何舍近求远呢?其中奥妙在于降低渠道坡度、减缓水流速度、节约渠道用水,以利于行舟。如以直线连接北渠和湘江故道,则渠道坡度为3.66‰,当运河水流经如此大坡度的河段时,水流直泻而下,对往来行船十分不利,且湍急的水流会冲刷渠堤和渠槽,造成河岸崩塌,还会因流速增大而使水量增加,使得南渠的流量减少甚至断流,减弱了铧嘴和大小天平分水工程效果。对此种情况,智慧的古人在开挖北渠时,采取增加河道弯曲度,将北渠挖成两个大的“S”形弯,延长了渠线一倍多,减缓了河床坡度,降低了水流速度,借以保证了行船安全。蜿蜒曲折的北渠,使水流变得平缓,利于航行,同时还可节约河道用水。灵渠南、北渠道的现状如图1-5所示。

为控制南、北渠的水量,古人在南、北渠口各设一陡,作为南渠和北渠的进水节制闸。当来水量能满足两渠需要时,南陡和北陡同时敞开,在水量小时,则关闭北陡蓄水,增加分水塘水深以使南渠通航。在枯水季,南陡和北陡交替启闭,可保证南、北渠的正常航行。南陡现状如图1-6所示。

(4)泄水天平

泄水天平是一种用于泄洪的溢流堰,其结构与大小天平相似,具有排泄洪水、保持渠内正常水位、确保渠道安全的作用,是灵渠安全运行重要的附属建筑物,故被称为“泄水天平”。泄水天平如图1-7所示。

图 1-5　灵渠南、北渠道图

图 1-6　南陡图

图 1-7　泄水天平图

溢流堰分正向和侧向两种，灵渠的大小泄水天平是我国古代侧向溢流堰的典型实例。灵渠共有三处泄水天平，其中南渠有两处，北渠有一处。大泄水天平位于距南渠起点约 1 公里的秦堤上，堰长 42 米，底宽 17.3 米，顶宽 6.3 米，堰顶高度略低于渠岸，用大条石砌成，是灵渠中最大的溢流堰，故称“大泄水天平”。当南渠水位超过堰顶时，水从堰顶溢出，泄至湘江故道。在涨水期间，其泄水量可高于南渠本身的流量，用来宣泄由小天平进入南渠的那部分超过南渠容纳能力的洪水，使洪水泄入湘江故道，避免漫堤而破坏秦堤。因此，大泄水天平是南渠第二道控制水位的工程设施，承担着分洪和保护秦堤的任务。小泄水天平位于南渠县城东郊的马嘶桥下，又称“马嘶桥泄水天平”，是南渠与双女井溪交汇处。清乾隆年间在溢流堰上设闸门，可以启闭。汛期开启闸门，双女井溪的洪水泄入湘江故道。枯水期关闭闸门，可补充南渠水量，抬高南渠水位，利于行舟。因此，小泄水天平是南渠第三道控制水位的工程设施。此外，南渠还有位于马嘶桥以西约 10 公里的大拐弯处的黄龙堤，北渠大拐弯处的竹枝堰和入湘江前的分洪渠道口的回龙堤，这些泄水天平的作用都是宣泄洪水期渠内多余的水量，可保障渠道、渠堤的安全，避免洪水泛滥。

(5)秦堤

秦堤是南渠东岸介于湘江故道与南渠之间的一段渠堤，起自南陡口，穿越兴安城区，至太史庙山麓的大湾陡止，下临湘江故道，上承灵渠，因始建于秦代，故称秦堤。秦堤是一座断面渐变的长堤，堤长约 2 公里，堤顶最窄处只有 7 米，最宽处在兴安县城，堤最高处 7 米。秦堤两侧护岸均用巨型条石砌筑，中间填筑砾石。从南陡至飞来石段的秦堤，是石灰岩地质，当时施工非常困难，属灵渠工程比较艰巨的部分。历史上，这段秦堤经常被洪水冲破，堤破则渠亡，所以是整个工程的薄弱环节。秦堤的修筑流传下来许多美丽动听的故事，使后人能够了解到完成凿渠筑堤任务的艰巨。

秦堤是设在南渠与湘江中间的一道石堤，那里水碧树葱，景色宜人。明初工部尚书严震直感秦堤之美，诵诗曰："桃花满路落红雨，杨柳夹堤生翠烟"，生动地描写了秦堤景色之优美。秦堤沿堤分布着四贤祠、飞来石、三将军墓、万里桥及众多古迹，更增添了灵渠的历史文化厚重感。秦堤现已辟为风景旅游胜地，堤上花木葱茏，一年四季，风景如画，景色宜人，成为桂林山水的一个组成部分。秦堤现状如图 1-8 所示。

图 1-8　秦堤图

(6)陡门

陡门是一种用于调节河道水位的古老航运工程设施，起着现代船闸的作用。这里指的是唐代以来设在南北渠跌水处的通航设施，其作用主要是调节渠道水面坡降与控制渠道的水深，以利于通航。据史料记载，灵渠上设置陡门的最早年代是在唐代宝历元年(825 年)。《新唐书》载曰："宝历初，观察使李渤立斗门十八以通漕。"[①]陡门多设置在水浅流急的渠段，主要解决不同渠段河床坡

① (宋)宋祁，欧阳修，范镇，吕夏卿：《新唐书·卷四十七·志第三十三上·地理七上》。

度不平引起的水位差问题，以利于航运。灵渠建造的斗门原理与现代船闸类似，但要简陋得多，在操作上简便灵活。因南、北渠河湾较多，渠道坡降变化较大，建设的陡门也较多且间距不等，间距一般为400～500米，间距短的如大湾陡至祖湾陡200～300米，间距大的如筒车陡至青石陡约1 000米。据史料记载，灵渠陡门在唐代有十八道，北宋减为十道，南宋又增至三十六道，明代仍是三十六道，清代变为三十二道，现存陡门二十八道。有些陡门至今保存完好，如牯牛陡、竹头陡、星桥陡、祖湾陡、大湾陡、南陡、北陡等。灵渠陡门形状如图1－9所示。

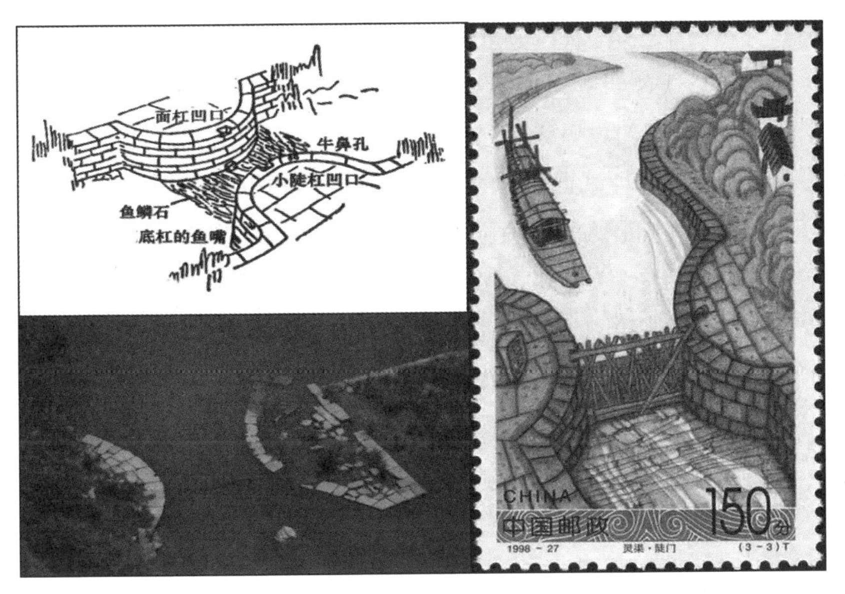

（左上图摘自《中国科学技术史》，右图摘自1998年国家邮政局发行的灵渠邮票）

图1－9　灵渠陡门图

以上是对灵渠总体布局及各部分工程设施建设情况做的简要介绍。从中可以看出，灵渠工程总体布局充分利用了地形特点，在宽广的视野上，统筹考虑了渠首的位置、工程量、渠道线路和水流衔接等工程因素，结合当时的工程技术水平，选定的是最优的工程方案，体现了中国古代水利工程技术的领先水平。渠首工程及南、北两渠上的一系列建筑物布局得非常巧妙和成功，使得整个工程体系非常简洁，功能非常完备，科学合理地解决了壅水、引水和分水等一系列水源问题和渠道通航问题。天平、铧嘴、陡门、堰坝等建筑物均就地取材，型式简单却实用，建筑施工和维护更新也较方便，工程量较小，运行两千余年，对岭南经济社会文化发展起到了重大的推动作用,且对当地自然环境没有产生不良影响。这充分体现了灵渠工程的科学文化价值,也体现了我国古代劳动人民的勤劳和智慧,证明了中华民族是具有伟大创造力的民族。

(二)灵渠的历代维护

灵渠作为重要的战略水路通道,发挥着联系岭南地区与中原地区的重要纽带作用,自秦代以来各朝各代对其重要性都有深刻的认识。为保证灵渠畅通,历代朝廷及当地政府和官员对工程的维修和改善等都非常重视。隋唐以前,灵渠的维护及改建工程都与平定地方叛乱有关,主持修缮工程的官员都是带队征伐的朝廷将领,如东汉伏波将军马援。隋唐时期,灵渠的维护由岭南地区的地方官吏承担,如唐代的李渤、鱼孟威分别任职经略观察使、刺史,宋代的边珝、李师中、李浩等分别任职转运使、提点刑狱、经略安抚使等官职。元明清时期,主持工程的官员多为巡按御史如广西巡抚和两广总督等主持,也有少数由桂林知府和兴安知县承办。由于这些主持维修工程的官员级别都较高,调动各种资源的权力较大,维修工程的各方面需求都较容易满足,因此维修的质量水平较高,这也是灵渠工程能够延续两千多年而不衰的重要原因之一。

据史料记载,自两汉至民国时期2 200多年间,历代对灵渠的整修和改建共有37次,其中汉代2次,唐代2次,宋代7次,元代3次,明代6次,清代15次,民国2次[①]。现就两汉以来,工程规模较大、影响较深远、历史记载较为翔实的几次修缮做简要阐述。

1. 两汉

东汉建武十七年(41年),交趾女子征侧、征贰举兵造反,占领交趾郡,九真、日南、合浦等地纷纷响应。汉光武帝刘秀任命马援为伏波将军,扶乐侯刘隆为副将,率领楼船将军段志等南征交趾,平定二征叛乱。马援行军至灵渠,为了运送粮草对灵渠进行整修。据史书记载:“世言秦命史禄伐粤凿为漕,马援讨征侧,复治以通馈。”[②]“旧说秦命史禄吞越峤而首凿之,汉命马援征征侧而继疏之。”[③]

---

① 范玉春:《灵渠的开凿与修缮》,广西地方志,2009年第6期。

② (宋)宋祁,欧阳修,范镇,吕夏卿:《新唐书 李渤传》。

③ (唐)鱼孟威:《桂林重修灵渠记》。

2. 唐代

唐代是我国封建社会发展的顶峰，这一时期政治清明、经济发达、社会安定、文化先进、武功兴盛，是当时世界上最繁荣、发达的国家。盛世之下，物产丰饶的岭南地区与中原地区经济文化、商贸交流活跃，而作为连接长江水系与珠江水系唯一的水路交通要道和南北交通、商贸交流的必经之路之一的灵渠，其地位和作用更加凸显。而彼时的灵渠，"渠道崩坏，舟楫不通"[①]，必须进行大规模整修才能行船。"宝历初(825 年)，给事中李公渤廉车至此，备知宿弊，重为疏引，仍增旧迹，以利行舟。遂铧其堤以扼旁流，陡其门以级其直注"[②]"观察使李渤遂叠石造堤如铧嘴，劈水分二水，置石斗门，因便制之，在人开闭"[③]。李渤对灵渠工程进行了重大改进，修筑了铧嘴和陡门，使得灵渠设施更加完善，行船更为顺利，"使溯沿不复稽涩"[④]。李渤奠定了灵渠后世修筑的基础，之后的工程布局未发生较大的变化，"后世修渠，皆因渤之故迹"[⑤]。

李渤重修灵渠，并对工程实施了重大改进，使灵渠行船更为顺畅，但史载其工程质量不佳，"当时主役使不能协公心，尚或杂束篆为堰，间散木为门，不历多年，又闻堙圮，于今三纪余焉"[⑥]。李渤疏通后的灵渠只维持了 30 多年，后行船又变得极其困难，"役夫牵制之劳，行者稽留之困，又积倍于李公前"[⑦]。咸通九至十年间(868—869 年)，桂州刺史鱼孟威又重修灵渠，汲取前车之鉴，严格掌控工程材料和施工质量。"其铧堤悉用巨石堆积，延至四十里，切禁其杂束筱也；其陡门悉用坚木排竖，增至十八重，切禁其间散材也。浚决碛砾，控引汪洋，防阨既定，渠遂沟通"[⑧]。鱼孟威主持修建石铧堤，设置陡门十八座，解决了水分流、坡降大、水流急、不利于行舟的问题，整治效果非常好，大大加固了灵渠工程，使行船更为便利，其描述为"虽百斛大舸，一夫可涉。由是科徭顿息，来往无滞，不使复有胥怨者"[⑨]。

---

① (晋)司马彪:《续汉书 · 郡国志》。
② (唐)鱼孟威:《桂林重修灵渠记》。
③ (晋)司马彪:《续汉书 · 郡国志》。
④ (唐)鱼孟威:《桂林重修灵渠记》。
⑤ (晋)司马彪:《续汉书 · 郡国志》。
⑥ (唐)鱼孟威:《桂林重修灵渠记》。
⑦ (唐)鱼孟威:《桂林重修灵渠记》。
⑧ (唐)鱼孟威:《桂林重修灵渠记》。
⑨ (唐)鱼孟威:《桂林重修灵渠记》。

3. 宋代

经唐代李渤、鱼孟威的修筑和改进，灵渠的设施日臻完善。宋代对灵渠进行了多次修缮，基本完成了灵渠治理的全部工程内容，工程已基本完善。宋朝初期，广南转运使边玥修缮灵渠[1]；皇祐（宋仁宗）初年，桂林司户李忠辅对灵渠进行了全面修缮[2]。嘉祐（宋仁宗）四年（1059 年），刑狱都水监李师中主持对灵渠的渠道进行了一次修筑工程，工程内容主要是“燎石以攻，既导既辟。做三十四日乃成废陡门三十六，舟楫以通”，其所著《重修灵渠志》[3]中对这次修筑做了较为详尽的记述，《宋史》亦有记载[4]。此后，在绍兴年间、乾道年间广南经略安抚使李浩、绍熙五年（1194 年）朱晞颜等，灵渠都曾修筑过，但规模都不大。灵渠工程在宋代的完善，与我国各地唐宋时代水利工程都趋向完善的情况是一致的。[5]

4. 元代

历经两汉、唐宋时期的改进和整修，以及日常运行和维护等管理制度的建立，灵渠工程已臻成熟，运行也更加频繁，作用更加突出，政府和百姓受其益。元代黄裳《灵济庙记》所言：“历秦、汉既唐，而后其制大备，以迄于今，公私蒙其利。”“皇元至正十三年（1353 年）之夏，山水暴至，一旦而堤者圮，陡者溃，渠以大涸，壅漕绝溉。”[6]这次损毁虽经修复，但两年后又遭损毁。时任岭南西道肃政廉访副使乜儿吉尼捐出俸禄，集资以修复灵渠。

5. 明代

明代两广地区经济繁荣，内外贸易发达，灵渠利用率随之提高，迎来了黄金发展期，所以整修的次数也较多，据史料记载有六次，而没能记载的日常修筑可能更多。

---

① （元）脱脱、阿鲁图等：《宋史 · 志第五十 · 河渠七》。载曰：“宋初，计使边玥始修之。”

② （清）金鉷：《广西通志 · 卷六十五 · 李忠辅》。载曰：“桂林北出兴安有灵渠，汉唐历修之，至是复有隳坏，堤防罅漏，漕舟岁梗，帅司以属忠辅，乃大完筑，尽复其故迹，溉田甚多。”

③ （宋）李师中：《重修灵渠志》。

④ （元）脱脱、阿鲁图等：《宋史 · 志第五十 · 河渠七》。载曰：“嘉祐四年，提刑李师中领河渠事重辟，发近县夫千四百人，作三十四日，乃成。”

⑤ 郑连第：《灵渠工程史述略》。

⑥ （元）黄裳：《灵济庙记》。

洪武四年(1371 年),整修灵渠三十六陡,恢复灵渠的通航和灌溉[①]。洪武二十九年(1396 年),监察御史严震直主持维修工程,对大小天平、堤岸、陡门、河道及灌溉水涵等进行整修、疏浚或建造[②]。这次修筑工程项目内容多、规模大、质量优,是灵渠工程史上较著名的一次。

永乐二年(1404 年),将严震直主持修渠时“撤去鱼鳞石,增高石埭”[③]的天平改造工程,重新恢复如旧,解决了“遇水泛,势无所泄,冲塘决岸,奔趋北渠,而南渠浅涩,行舟不通,田失灌溉”[④]等天平改造所带来的问题。永乐二十一年(1423 年),灵渠的渠道及陡门又进行了整修。

成化二十一年(1485 年),灵渠的拦河坝和南渠被洪水冲毁,全州知州单渭主持修复工程,明孔镛在《重修灵渠记》中详尽地记述了整个维修过程。此次工程规模较大,维修耗时两年,至成化二十三年才竣工。修复工程将天平和铧嘴作为重点,对渠岸、陡门也进行了维护,修复后的工程较原工程有较大进步,效果很好。《重修灵渠记》载曰:“凡有缺坏,葺理无遗。爰得两渠,舟舸交通,田畴均溉,复旧为新,较之旧规,相去万万。”[④]

明万历十五年(1587 年),对南渠进行了整修。此次修渠记载中提道:“唯有桂林至泉州,中经兴安县陡河,原有陡门三十六座,向系五年大修,三年小修。”[⑤]说明明代灵渠已有正常的维护制度,其设施维护已实现常态化,保障通航水平很高,也印证了灵渠运行的繁忙,以及交通地位的重要性。

6. 清代

清代是灵渠开凿以来航运最为繁荣,且运行达到了顶峰的朝代。灵渠往来商船络绎不绝,有诗句描述了它的繁忙景象:“陡军三十六,启闭无时休。”“官旗厉色争王路,贾客回头敛画樯。”[⑥]陡军无歇,帆樯云集,商船川流不息。繁忙的灵渠水运需要较高的渠道养护和保障水平,保证渠道状态经常良好,所以其修缮非常频繁。因年代较近,清代的维修和运行管理方面的文献记载非常翔实、丰富。现将重要的修缮记载做扼要说明。

康熙五十三年(1714 年),灵渠的天平、渠道及陡门损毁严重,“若及今不大

---

① (明)《明实录 · 太祖洪武实录》卷六十《洪武四年修渠记载》。载曰:“岁久堤岸圮坏,至是始修治之。”

② (明)陈琏:《重修灵渠记》。

③ (明)《太平实录》卷二十八《永乐二年修渠》。

④ (明)孔镛:《重修灵渠记》。

⑤ 《明实录 · 神宗万历实录》卷一八八《万历间蔡系周请修渠》。

⑥ (清)陈关调:《陡河漫兴》。

修筑,行将断楚粤之舟楫,而淹通邑之田庐矣”[①],工程必须进行全面大修,以保障行船。时任广西巡抚陈元龙非常重视修治灵渠,率属下捐俸禄作为修治费用,并主持修筑工程。此次修筑工程将大小天平由大石平砌改为块石错落相间的龟背形,以长石按次直竖为鱼鳞石;修复陡门八座及置陡夫十二名管理陡门;修筑各处堤岸;凿除兴安至灵川河段中的碍舟礁石。从工程内容看,这次修筑工程规模和工程量都非常大,是有历史记载的清代最大一次修筑。

清雍正八年(1730 年),彼时陈元龙所修筑灵渠,“陡座石硬倾圮将半,加以水势冲决,不由故道,另成新河,以至旧河淤塞,水无涓滴,数千百亩良田之资灌溉者,每虞枯槁”[②]。时任滇黔桂三省总督鄂尔泰、广西巡抚金鉷主持修建,“坍者新之,浅者深之,狭者广之”,“石之触舟者去之;滩之阻舟者凿之”[③],建设了湘江故道中的防护工程内外海洋堤,保护了北渠入湘江故道处的稳定,修复了原有的陡门及堰坝,疏浚淤浅河段,凿去碍航礁石。

乾隆十一年(1746 年),对兴安城内的河道、桥、堤岸及渠岸的道路、店铺进行了修整。乾隆十九年(1754 年),因铧嘴、陡门及堤坝多圮废,渠道淤塞,两广总督杨应琚等主持修筑[④],对天平石、鱼鳞石、堤坝和陡门进行了修复,并疏浚渠口淤积沙石。

嘉庆五年(1800 年),广西巡抚谢启昆捐俸重修灵渠,对坍塌的海洋堤和损毁的北渠渠尾进行了修复。嘉庆二十四年(1819 年),因管理不善,致灵渠建筑物损坏,时任广西巡抚赵慎畛捐俸修复灵渠,由桂林知府周之域主持修复,陡门是修复重点,至此灵渠陡门南渠 28 座,北渠 4 座,共 32 座。[⑤]

道光十二年(1832 年),洪水冲毁秦堤,南渠断航。兴安知县张运昭向县富户及湖广、江西客商募捐,修复了铧嘴、大小天平,泄水天平、南陡至飞来石一段渠堤和三十二陡。[⑥]

光绪十一年(1885 年),湘江上游大水,“分水坝及南北陡堤冲击几尽,壅槽绝溉,民用戚然”[⑦],洪水冲毁分水坝及南北陡堤,航运灌溉中断。广西护理抚院李秉衡奉准修渠,因铧堤旧址填淤,改建于原址下游一百米外,鱼鳞石接缝处胶

---

① (清)陈元龙:《重建灵渠石堤陡门碑记》。

② (清)金鉷:《广西通志》卷二《沟洫 · 兴安县》,《雍正间叙历代修渠》。

③ (清)鄂尔泰:《重修桂林府东西二陡河记》。

④ (清)杨应琚:《修复陡河碑记》。

⑤ (清)赵慎畛:《重修陡河记》。

⑥ (清)张运昭:《重修陡河记》。

⑦ (清)陈凤楼:《重修兴安陡河碑记》。

以灰泥，外缘再砌巨石，并修陡门。

清光绪年间对灵渠的重修，工程规模和工程量都较大，是近代史上最后一次对灵渠的大修，其所遗留下来的建筑，除个别损毁外，大部分工程仍留存至今。今之所见灵渠，基本为此次重修后的面貌。此次对灵渠的重修给我们留下了一份宝贵的历史文化遗产，使我们今天能够全面了解灵渠两千多年所累积的技术成就。

7. 民国时期

民国 21 年（1932 年），兴安大水，大小天平部分损坏，兴安县长田良骥补修大小天平及渠道堤岸[①]。民国 27 年（1938 年），因抗日军运急需，桂省政府负责疏浚灵渠[②]，修复秦堤、塔塘桥墩，堵塞大小天平漏洞，修整南陡阁等。第一期工程 12 月完工，第二期工程由扬子江水利委员会接办，于 1939 年底竣工通航。1939 年湘桂铁路建成通车，灵渠的水路运输功能逐渐被铁路、公路取代，不再起运输作用。

8. 中华人民共和国成立

中华人民共和国成立后，古老的灵渠获得了新生。党和政府十分重视灵渠的整修工作，将过去以运输为主的灵渠改造成以灌溉、供水为主，疏浚渠道，加固堤坝，广辟水源，开挖支渠，使灵渠再次焕发生机。1952 年，兴安县对整个灵渠工程进行了全面修复，并根据农业发展需要，对灵渠灌溉发展进行规划并建设灌溉系统。1963 年，灵渠被列为广西壮族自治区重点文物保护单位，自治区文化厅对灵渠的大小天平、铧嘴、秦堤、桥梁、防洪堤等文物古迹进行修复。1988 年 1 月，经国务院批准，灵渠被列为国家重点文物保护单位，其维护更是得到全面加强。目前，灵渠已被列入《中国世界文化遗产预备名单》，国家有关部门及当地政府投入大量资金全面修缮了大小天平坝面，对铧嘴进行恢复性修复、对秦堤进行防渗补漏、对北渠进行风貌修复等。除对灵渠工程设施进行修缮外，历年来当地政府对铧嘴、秦堤等进行绿化，对飞来石景区进行修缮，对水街及古桥进行整修，使灵渠成为绿树成荫、繁花似锦、流水清澈、人文荟萃的独具特色的古运河工程旅游景区，驰名中外。这条历经两千多年风雨洗礼的古运河，在新时代依然焕发着它的勃勃生机，闪耀着璀璨的历史文化光辉。

---

① 《广西文献创刊号——兴安故迹采访报告书》。

② 《民国 27 年（1938 年）至民国 30 年（1941 年）广西历史大事记》。

第二节　灵渠的现状

虽历经 2 200 多年的风雨洗礼,但在历朝历代政府和广大人民的精心呵护下,今日之灵渠焕发出新的生机,继续造福一方百姓。随着现代交通运输方式的兴起,灵渠的航运功能逐步退出了历史舞台,但它的整体水利设施系统依然保持完整,现已成为以灌溉为主的水利工程,两侧修建了多条长达 100 多公里的灌溉渠道和多处山塘水库,形成了一个规模巨大、四通八达的水利灌溉网,承担着农田的灌溉和为地方工业、居民提供生产、生活用水的任务,继续发挥着造福一方的作用。

2013 年,广西壮族自治区政府颁布了《广西壮族自治区灵渠保护管理办法》,使对灵渠的保护有了法律保障。近年来,兴安县相继完成了《灵渠总体保护规划》《秦堤维修设计方案》《秦城遗址保护规划大纲》等规划,并投入维修资金对灵渠进行全面维修或修复。

经过近些年对灵渠的多次维修,灵渠的很多文物古迹至今都能完好地保存,渠首、渠道两大部分工程中大部分设施依然良好。根据专家实地考察、调研,并参考有关资料,目前灵渠各部分设施状况如表 1–1 所示。

表 1–1　灵渠各部分设施状况表

保存状况	设施名称
保存完好	湘江古道、黄龙堤溢水道、马嘶桥溢水道
保存较好	铧嘴、大天平、小天平、渼潭、南陡、大湾陡、马嘶桥陡、沙泥陡、牛路陡、灵山陡、青石陡、小虾蟆陡、牯牛陡、北陡、海阳堤、竹枝堰、鸾塘堰
轻度残损	泄水天平、回龙堤溢水道、竹枝堰溢水道、霞云陡、小陡、黄泥陡、十五陡、门坎陡、洗衣陡、星桥陡、竹头陡、大虾蟆陡、三驾车堰、四架车堰、赵家堰、画眉堰、四龙堤、秦堤
中度残损	南渠河道、北渠河道、三里陡、十四陡、大路陡、新陡、湾陡、牛角陡、黄家堰、刘家堰、张家堰、曾家堰、季家堰、青石堰、俊山堰、棒头堰、上地塘堰、下地塘堰、社公堰、大堰、二堰、粉皮塘堰、矮子堰、马头堰、反水堰、屋门堰、兜堰、六公堰、五驾车堰、新黄茅坝、老黄茅坝、黑石坝、石头坝、马家坝
重度残损	大陡、太平陡、祖湾陡、铁炉陡、和尚陡、晒禾陡、何家陡、印陡、军嘉陡

从表 1-1 可以看出,灵渠的渠首工程设施保存较好,除个别陡门保存较好外,其他陡门破损较为严重。海阳堤、竹枝堰、鸾塘堰等堰坝和溢流坝保存较好。

第三节　灵渠功能的时代变迁

灵渠肇始于秦代,完善于唐宋,繁荣于明清,断航于民国后期,经历了 2 200 多年漫长的岁月,见证了中国封建王朝的更迭,其功能也经历了一个变迁的过程。纵观灵渠的发展历史,我们可以按它的主要功能划分为军事、漕运和文化三个时代,每个时代承载的功能也有所侧重。

一、第一个时代——以军事为主的时代

秦汉时期是灵渠创建阶段,这一阶段是以军事为主的时代,主要承载军事运输功能,服务于秦征服百越和汉时平叛等军事行动,是秦汉对岭南地区用兵所需军需物资运输的唯一水路通道。灵渠因秦南征百越,为了解决军事物资及时补给等问题而开凿,沟通了长江水系与珠江水系,对保证秦军岭南战争的胜利,无疑具有不可估量的作用。在秦初,国家尚未统一,攻伐兼并是时代的主旋律,灵渠主要承载的必然是军事功能,直接服务于军需物资运输的灵渠的开通,保障了秦帝国的军事征服和控制,成为秦朝能统一中国的重要保障之一。

在汉代,汉武帝元鼎五年(公元前 112 年),南越国相吕嘉弑王及太后,另立赵建德为王。汉武帝以此为契机,派伏波将军路博德、楼船将军杨仆等率部分五路南下,会师番禺,平定南越叛乱。《史记南·南越列传》记载:"故归义越侯二人为戈船、下厉将军,出零陵,或下离水,或抵苍梧。"[①]《汉书·武帝纪》也记载:"归义越侯严为戈船将军,出零陵,下离水。"[②]可以看出,戈船将军严率领的水军是通过灵渠下离水而南下。虽"戈船、下濑将军兵及驰义侯所发夜郎兵未下,南越已平矣",但灵渠作为重要的水路进军通道,在平定叛乱中也发挥了重要作用。《汉书·严助传》言越地"地深昧而多水险"[③]。裴骃《史记集解》引应

① (汉)司马迁:《史记》卷一一三《南越列传》。
② (汉)班固:《汉书》卷六《武帝纪》。
③ (汉)班固:《汉书》卷六十四。

劭曰:“时欲击越,非水不至,故作大船。船上施楼,故号曰‘楼船’也。”[1]这里提到的“多水险”“非水不至”,说明了南越战事与“水”路交通条件的特殊关系。平定南越叛乱的军事交通必须克服和利用“水险”,灵渠运河工程是克服和利用南越“水险”的成功范例,具有开创性的意义,更加突出了灵渠的军事运输功能。

《后汉书·光武帝纪下》中记载,“(建武)十六年(40年)春二月,交趾女子征侧反,略有城邑”[2]“光武乃诏长沙、合浦、交趾具车船,修道桥,通障溪,储粮谷”[3]“(建武十八年夏四月)遣伏波将军马援率楼船将军段志等南击交趾”[3]。后马援等“发长沙、桂阳、零陵、苍梧兵万余人讨之”[4]。据有关资料分析和学者考证,当时马援南下进军主要走水路,溯长江而至洞庭湖,后转入湘水,溯湘水过临湘,至灵渠,对年久失修的灵渠进行了自秦代开凿以来的第一次大规模整修,用于运送军需粮草。过灵渠后,循漓水至苍梧,溯北流江、南流江至合浦,“遂缘海而进,随山刊道千余里”,至交趾。关于马援重修灵渠,《太平御览》中记载:“后汉伏波将军马援开湘水,为渠六十里,穿度城,今城南流者是,因秦旧渎耳。”[5]在通畅的水运通道和充足的物资保障下,“(建武十九年春正月)伏波将军马援破交趾、斩征侧等。因击破九真贼都阳等,降之”[6]。伏波将军马援对灵渠自开凿以来的第一次大的整修,使平定叛乱有了运输保障,灵渠的军事作用也得以继续发挥。另外,因马援重修灵渠对工程能够延续至今具有非常重要的意义,因此他也被列为对灵渠有卓越贡献和功绩的历史人物之一,至今马援塑像被供奉在灵渠南渠岸边的四贤祠内。

自马援重修灵渠后,中国历经东汉末年的群雄割据、魏晋南北朝时期的政权频繁更迭,国家分裂,战乱频仍,社会动荡不安,经济发展几经破坏,水利等设施因缺乏维护和修缮而荒废。此时,南北之间的交通及贸易往来受到严重破坏,岭南地区与中原的交通受到限制。在长达400多年的分裂战争过程中,岭南与内地的交通以东部的大庾岭、骑田岭为主要通道,而灵渠虽地位重要,但因年久失修,船舶航行十分困难,通道作用及重要性降低。

---

① (南朝宋)裴骃:《史记集解》卷一百一十三《南越列传第五十三》。
② (南朝宋)范晔等:《后汉书》卷一下《光武帝纪下》。
③ (南朝宋)范晔等:《后汉书》卷八十六《南蛮西南夷列传》。
④ 王子今:《秦汉交通史稿》;徐松石:《粤江流域人民史》等。
⑤ (宋)李昉、李穆、徐铉等:《太平御览》卷六十五。
⑥ 范烨:《后汉书·卷一·下·光武帝纪·第一·下》。

到唐代中期，灵渠已是“陡防尽坏，江流且溃，渠道遂浅，潺潺然不绝如带”[①]，船舶需要大量人力辅助才能通航，“唯仰索挽肩排，以图寸进。或王命急宣，军储速赴，必征十数户乃能济一艘”[②]，当地百姓为被征纤夫所累，“是则古因斯渠以安蛮夷，今因斯渠翻劳华夏，识者莫不痛之”[③]，民怨极大。“（唐）宝历初，给事中李公渤廉车至此，备知宿弊，重为疏引，仍增旧迹，以利舟行”[④]，灵渠重新恢复顺畅通航，标志着灵渠发展进入了新阶段，承载的功能也发生了变化。

二、第二个时代——以漕运为主的时代

灵渠之所以能自唐代得以重修并步入以漕运为主的时代，这与当时全国的政治稳定、军事强大和经济繁荣等客观形势密切相关。自秦汉大一统的帝国分裂以后，中国经历了汉末魏晋南北朝时期近400年的分裂扰乱。北方经济因大规模的战乱频发且持续时间长而遭到严重破坏，中原地区的汉族人口大量南迁，北方少数民族人口大举进入中原地区，各民族之间联系密切，并逐渐实现互相融合。而彼时南方则相对稳定，中原地区人口的大量流入及带来的中原先进生产技术使南方经济得到迅速发展，南北经济差距缩小并趋于平衡，以北方黄河流域为重心的经济格局开始改变。经济的平衡发展、各民族大融合及文化的发展为隋唐时期大一统王朝的建立和繁荣奠定了基础。

到隋唐时期，大一统的帝国又复出现。此时，中国封建社会在政治、军事、文化、经济、科技上得到前所未有的发展，是中国封建社会历史上最强盛的时期，政治、经济、文化等各方面都居于当时世界领先地位。这个时期的南北经济均获得极大发展，但南方经济发展快于北方，成为全国经济最发达、财富最丰盛的地方，经济地位显著提升，中国的经济重心开始南移，经济地理位置发生改变。虽然自隋朝以后，经济重心趋向南移，但由于地理与国防的关系，政治、军事的重心仍旧处在北方。

可以看出，隋唐时期中国第二次大一统出现的政治经济客观形势，与秦汉时期中国第一次大一统时有所差异。秦汉时期的大一统，全国的军事、政治和经济重心全在北方。隋唐时期的第二次大一统，全国的政治、军事重心虽然仍

---

① （唐）鱼孟威：《桂州重修灵渠记》。

② （唐）鱼孟威：《桂州重修灵渠记》。

③ （唐）鱼孟威：《桂州重修灵渠记》。

④ （唐）鱼孟威：《桂州重修灵渠记》。

在北方,但经济重心却已迁移到南方。如何将已经南移的经济重心与尚在北方的政治军事重心联系起来,便于对南方的有效统治和加强南北经济的联系,满足帝国京师的贵族、军队和平民对粮食及其他消费品的供应需要,这成为当时统治者需要考虑的一个问题。而在当时的自然条件和经济技术条件下,最有资格把政治军事和经济中心联系起来的交通线,仍然是沟通南北的运河,只有最经济而有效的水路运输才能适应当时的南北交通形势。鉴于帝国的客观形势及适应时代需要,隋朝的最高统治者隋炀帝为了巩固中央政权的统治,综合考虑政治、军事和经济等因素,做出了开凿大运河以通漕运的决定。以长安为基点,以东都洛阳为重镇,将大运河双臂南北展开,使之成为帝国的政治、经济和军事命脉。自此,岭南百州之物、滇黔巴蜀之产、齐鲁燕赵之货、东方渔盐之利,水路并济,川流不息,莫不相通,为隋唐及之后的帝国提供了丰富的物质保障,成为维系王朝政治统治的经济命脉。

大运河的开通加强了北方与江南的政治、经济、文化和交通联系,而这个时期岭南地区与全国政治、经济中心连接的最重要的交通要道是岭南中东部的大庾道(大庾岭)、骑田道(骑田岭),次要通道是越城道(越城岭)。其实,这也是秦汉以后岭南地区联系中原地区的主要通道,但秦汉时期最重要的交通要道偏于岭南西部的越城道、桂岭道(萌渚岭)。后来发生改变的主要原因是全国政治、经济重心发生了东移,以及海运和广州港的兴起。隋唐时期岭南西部越城道虽不是最重要的交通通道,但仍是岭南西部通往中原的重要交通路线。作为大庾、骑田两道的补充,由越城道不但可以达广州,还可以从梧州转西南经容州(北流)入南流江,抵廉州(合浦北),然后由海路抵安南及海南岛。

灵渠作为越城道的关键交通节点,不仅在秦帝国统一岭南和汉代平定交趾叛乱中起了决定作用,也使越城道最早成为岭南地区联系中原地区的最佳路径,它的优势地位一直保持到汉朝末年。但自汉代以后,广州作为岭南地区政治经济中心地位的逐渐确立,海运贸易中心的东移,中国经济中心的东南移,以及中原统治者对交趾地区控制力的减弱,使越城道及灵渠交通的优势渐趋弱化。灵渠自开凿以后及至唐朝中期,通航并非畅通无阻,其通航利用率不高,屡次修浚又淤浅。欧阳修《新唐书》:“(东汉)马援讨征侧,(灵渠)复治以通馈;后为江水溃毁,渠遂废浅。”[①]顾祖禹《读史方舆纪要》:“(汉以后)年代浸远,堤防

① (宋)欧阳修等,《新唐书·卷一百三十一·列传四十三》。

尽坏,江流日溃,渠道遂浅。”[①]由于以上原因,自汉代以后越城道及灵渠只在岭南地区西部与中原地区的联系上逐渐成为主要交通要道,而政治经济社会日益重要的岭南东部广州等地区与中原地区的联系则逐步转向大庾道和骑田道。

自汉末至唐中期,虽然灵渠的通航功能及通道的作用有所弱化,但到了唐代中后期,随着广西地区经济发展,其通道地位又得到了加强。隋唐时期,国家统一,社会安定,经济繁荣昌盛,给广西地区的经济发展带来了机遇,广西的农业、手工业及商业发展都进入了一个崭新的时代。在农业方面,开辟耕地、改进生产工具和技术、兴修水利,农业发展十分迅速,粮食实现了自给并出现富余;在手工业方面,纺织业、制糖业、制茶业、采矿业、冶金业、陶瓷业和制盐业发展较快,其中制糖、冶金和盐业在全国具有重要影响;在商业方面,隋唐时期的广西桂州、邕州、柳州、合浦等水陆交通沿线地区已逐步形成繁荣的港埠。唐代中后期,长安与桂州间商旅不绝,中原、湖广、云贵、雷州、琼崖、交州、广州等地的物产进出广西多以桂州为集散之地,当时的桂州商贾云集、贸易活跃、商业繁荣。西方和东南亚各国都纷纷派遣使者和商人到中国经商和贡献特产,主要形式是朝贡。在各类民间贸易上,经交趾、合浦、桂州与中原地区进行贸易往来。隋唐时期,广西经济社会的繁荣发展,也推动着其交通的对外发展。在继承秦汉时期交通通道基础上,建设形成了通往中原、闽粤和云贵地区及东南亚诸国的全方位交通路线,成为隋唐时期水陆对外交通的重要通道。

在中国经济中心南移、广西经济社会及对外通道发展和桂州作为政治商贸中心地位的影响下,越城道的交通地位也随之提升。灵渠作为越城道最重要的组成部分,成为桂州乃至岭南与中原联系的唯一水路通道,在岭南交通的枢纽地位也越来越重要。由于灵渠在联系中原与广西交通的重要性,唐中后期派到广西及桂州任职的官员都将修浚灵渠、保障畅通作为一件施政大事来抓。前面已叙述唐代的李渤、鱼孟威都对灵渠工程做过重要的修复和改进工作,使其通航条件得到了极大改善,运河更为畅通。

周长寿元年(692 年),唐王朝为了进一步发展岭南,加强对西南边疆的控制和发展经济,开凿了相思埭运河(又称古桂柳运河、桂柳运河、桂柳古运河),其沟通了桂江水系和柳江水系,将桂州顺流至梧州再溯上柳州的航行距离缩短了 509 公里,使其成为中原通过西南重镇桂州联系少数民族地区的纽带和重要

---

① (清)顾祖禹,《读史方舆纪要》卷一六《广西》。

通道,形成了桂北与桂西南、黔东南之间便捷的水路交通,使朝廷对西南地区的控制和管理更加便捷。云贵等西南地区的特产经相思埭、灵渠水路联运到达中原,有力地促进了西南地区与中原的通商和文化交流。因此,相思埭的开通也促进了灵渠的发展。相思埭运河见图1-10。

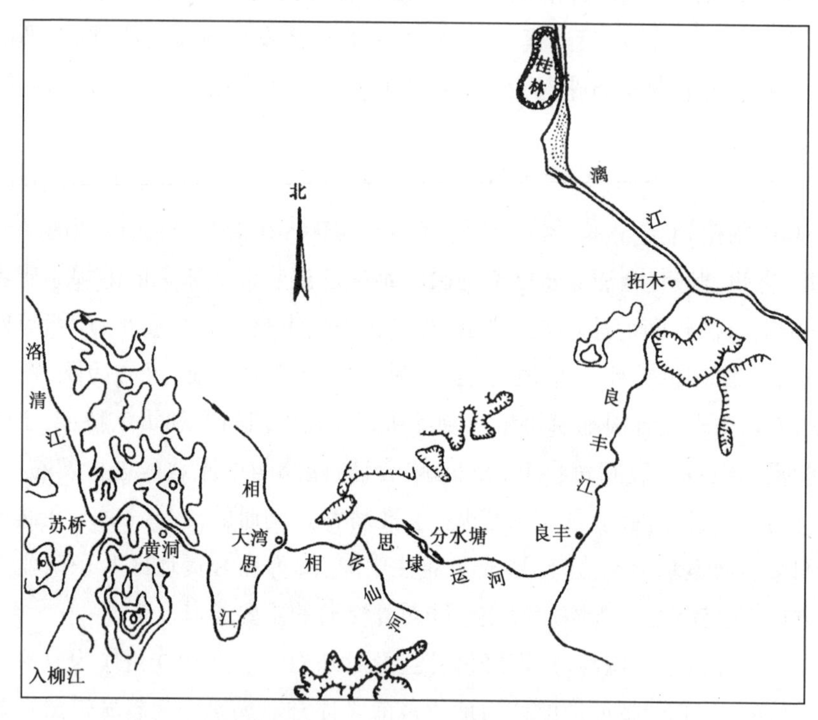

图1-10 相思埭(桂柳)运河图(摘自郑连第《灵渠工程史略》)

灵渠发展环境的变化和重新修复,使其从此又进入了一个新的发展时代,军事运输不再是主要功能,交通运输价值和作用更加凸显,它的主要功能是更多地服务于经济贸易交流和人员往来。灵渠被修复之后,航道得以畅通,货物运输日益繁忙,商贸往来非常频繁,既有从中原运到岭南的物产,又有从岭南运往中原各地的珍宝,也有运送粮食、食盐的船只往来灵渠,海外一些国家的珍馐特产也纷纷途经灵渠运抵京城。明代方昇《灵渠赋》曰:"至唐李渤,益加疏浚,陡三十六,开闭同闸河之规模;堤百千寻,延袤恍长城之步仞。舟楫既通,货物交进。遂使天下之旅,重可轻而远可近。""南则达于两广,北则汇于三湘。由是雕题文身之国,鴃舌螺髻之乡,毕献琛而奉贽,见重译而来王。羽毛鳞介,珠玑犀象,海错山珍,千形万象。皆得乘长风,破巨浪,登金门而进皇上也。”[1]

唐代后期,战争频繁,南诏骚扰、西南蛮人起义,需要大量运输军队和粮食,所以经洞庭湖,从巴陵、潭州(古长沙),通过灵渠、漓水到达两广这条路线的重要性进一步得到提升。这一时期,外国的奇珍异宝、香药等物品也多从广州溯西江至梧州,越灵渠或牂牁江转运京师、中原及西南各地;而京师、中原及西南各地的丝绸、瓷器、漆器等也从上述水路汇集梧州再至广州。

宋代,灵渠漕运对赈灾起到过重要作用。南宋绍兴五年(1135 年),“湖南旱甚,吕颐浩为帅奏截拨上供米三万石。又令广西帅漕两司备五万石水运至本路充赈济”[2]。此次赈灾粮食由灵渠转运湖南。

元代,阿里海牙进军广西桂林期间,驿站的船只通行以及军需运输也多利用灵渠进行,“乃闸全之湘水三十六所,以通递舟”[3]。

明代,桂林为广西首府,是广西的政治、经济、军事中心,也是中原地区与岭南地区的贸易中心之一。位于桂林之北的灵渠,是岭南西部地区的交通枢纽,也逐步成为湘米南运和粤盐北运及其他各种货物运输的中转站。湖南及桂北地区所需的食盐,主要由桂林集散,然后经灵渠转运至湖南等地,中原各省的货物也源源不断地沿湘江入灵渠,运到桂林转销,灵渠漕运十分繁忙。明万历十五年(1587 年),“兴安陡河,原有陡门三十六座,向系五年大修,三年小修。十余年来,废弛弗举,舟楫难通,遂至盐运做守日月,所费不赀”[4]。可以看出,当时灵渠的不畅影响了盐的运输,增加了运输费用。尽管如此,当时的灵渠也是安南贡使进京朝贡的必经之道。灵渠所在的兴安县城也成为桂北重要的商业中心,千帆云集,五方辐辏。

清代,灵渠漕运达到了鼎盛时期,担负着湘、桂、黔、粤等省大宗货物的转运任务,运输的货物以民生日用品和生产资料为主,如粮、盐、茶、苎麻、棉花等农产品,以及布匹、铁制品等手工业产品,其中以粮、盐运销为最盛。灵渠地位的重要性和运输繁忙的情况在清代有关文献、碑记中多有记载。张运昭《重修陡河记》载曰:“灵渠使湘入楚,漓达越,通商运……而灵渠一水,为楚粤咽喉,舳舻

① (明)方昇:《灵渠赋》。
② (清)陆曾禹:《钦定康济录》。
③ (元)苏天爵:《元朝名臣事略》卷二之三。
④ (明):《神宗显皇帝实录》卷一八八。

云接，今则帆樯相错。”[1]陈元龙在《重建灵渠石堤陡门碑记》中说道：“夫陡河虽小，实三楚、两广之咽喉，行师馈粮，以及商贾百货之流通，唯此一水之赖。”[2]梁奇通在《重修兴安陡河碑记》中说道：“兴安陡河为楚粤咽喉，路通百艘，灌山畴，裕国利民，所济甚大”，“河流宣畅，旱潦无忧；桔槔声闻，沃野千顷；舳舻衔尾，商旅欢呼。楚粤之血脉长通，宁独兴民利，两省利，而通货贿，济有无，邻邦共利。”[3]杨应琚《修复陡河碑记》载曰：“夫其带荆楚，襟两粤，达黔滇，商旅不徒步，安枕而行千里，资往来之便，此其一。”“高垄下田，有灌溉之资，无旱潦之虞，化瘠为腴，此其一。”“食货贸迁有无，致之于陆倍其值，运之于水廉为售，驵侩熙熙，重其载而取其赢，又其一”，“长沙、衡、永数郡，广产谷米，连樯衔尾浮苍梧直下羊城，俾五方辐辏食指浩繁之区，源源资其接济，利尤溥也已！”[4]阮元《禁止木簰出入陡河告示牌》：“照得兴安县陡河，上通省城，下达全州，为粤省咽喉要路，官商船只，络绎不绝。临全埠行盐办饷，国课攸关，更赖此一线河身。”[5]耿鳞奇《陡河海阳堤记》曰：“新河不塞，则陡河不治，而农商皆病。”[6]“惟是北陡为三楚两粤之咽喉，南陡实桂林、柳庆之脉络，通商集谷，洵属要津。”[7]随着广州等沿海港口对海外尤其是东南亚诸国贸易量的不断扩大，而内地进出广州等海港的部分货物要通过灵渠，加之两广地区与中原地区的经济往来，使灵渠货物运输量日益增加，运输十分繁忙，曾出现每日有二百余只船连续通过灵渠的情况。

民国初期，过往灵渠船舶众多，航运业非常繁忙。为避免船舶拥堵，政府召集七省各行商暨船帮全体，经共同讨论议定，颁布了《规定陡河行船办法布告》，规定了通航规则，确保往来灵渠的舟船运输的畅通。布告的颁布也侧面说明了船舶众多和航运的繁荣。

民国十七年(1928年)，虽桂黄公路通车，但因运输费用昂贵，汽车不多，灵渠仍有船舶通行，又由于货物不足，通行的船舶大为减少。民国二十七年(1938年)，湘桂铁路通车之后，灵渠来往船只日渐减少，基本无货物运输船只往来。

---

① (清)张运昭：《重修陡河记》。

② (清)陈元龙：《重建灵渠石堤陡门碑记》。

③ (清)梁奇通：《重修兴安陡河碑记》。

④ (清)杨应琚：《修复陡河碑记》。

⑤ (清)阮元：《禁止木簰出入陡河告示牌》。

⑥ (清)耿鳞奇：《陡河海阳堤记》。

⑦ (清)《清史列传》卷二二《杨应琚传》。

在历史上通航了两千余年的灵渠，其交通运输功能被公路、铁路所取代，已不再起运输作用，唯灌溉功能还在造福一方人民，但是它为后人留下了宝贵的历史文化遗产，这是最为重要的。

三、第三个时代——文化为主的时代

就当代社会发展而言，历史上的灵渠运河功能价值在今天发生了重大变化。灵渠的运输功能虽已被现代交通运输方式取代，但其积淀两千年的古运河文化，正以难以估量的无形价值开始浮出水面，并被逐步传承和发扬光大。因此，这个时代是灵渠的文化时代，以弘扬其深厚的水利技术文化、漕运文化、社会文化功能为主，并兼有水利、生态、景观等方面的功能。

（一）灵渠有着深厚的文化底蕴

千年灵渠的发展和功能演变，沉淀了深厚的水利与水运科学技术文化、漕运文化、社会文化，是中原文明传播及岭南文化发展的重要媒介和文化传播的空间载体。

1. 灵渠彰显了我国古代的水利技术文化

在我国，水利建设自古以来就备受重视，“善治国者，必先治水”，历代有为的统治者都把兴修水利作为治国安邦的大计。千百年来，中国治水名人辈出，建成了一批造福炎黄子孙、具有相当影响力、颇具规模的水利工程，例如秦代的都江堰、郑国渠和灵渠三大水利工程，就是中国古代水利工程的杰出代表，是中华民族勤劳智慧的象征之一。它们历史之悠久、科学技术水平之高、社会影响力之大，已作为民族的骄傲闻名于世。

灵渠工程规模虽不大，但工程设计之精巧，布局之紧凑，构成之简洁，建筑物构造之简约，体现了工程的科学系统性和精深的内涵。宋代范成大曾赞叹“治水巧妙，无如灵渠者”[①]。灵渠的设计充分利用了地形特点，以宽广的视野，统筹考虑渠首的位置、工程量、渠道线路、水流衔接等工程因素，结合当时的工程技术水平，选定了最优的工程方案。灵渠的天平、铧嘴、陡门、堰坝等建筑物均就地取材，型式简约而实用，施工和维护更新也较方便。工程各个组成部分

---

① （宋）范成大：《桂海虞衡志》。

形成一个内在的彼此有机联系的整体,任何一个单体建筑物若离开整体都会毫无作为,整体中缺少任何一个单体建筑物也难以运作,必须协同运行,才能发挥作用,体现了工程的精深内涵以及整体的系统性和协调性。灵渠的建造技术在当时技术含量颇高,尤其是"越岭运河技术、陡门技术、弯道代闸技术"在同一时代处于世界领先地位。这些技术凝聚了历代治水官员、水利专家及大量百姓的心血与智慧,使我国这条灵渠古运河的科学技术走在了同时代世界的前列。

灵渠上述工程技术也反映了中国早期水利工程的特征,体现了古人的治水理念,是中华民族宝贵的物质遗产和文化遗产。灵渠的开凿和维护充分利用了河流自然特性并适应周边自然环境,在不大改变自然环境的条件下,重视工程位置的选择,而且在统筹规划中突出重点,综合考虑多因素对工程的影响并妥善地加以转化,同时又能根据当地环境合理利用各种自然资源,充分体现了传统哲学中天人合一、辩证统一的思想和因地制宜的治水理念,展现了中华民族的大智慧和传统文化精髓。历史证明,灵渠运行两千余年没有对当地自然环境产生影响,做到了工程对自然环境、自然资源和人工等付出的代价最小,取得的政治经济社会效益最大,实现了人与自然的和谐相融。

2. 灵渠有着历史悠久的漕运文化

灵渠是为南征百越的秦军转运粮草、军需而建,两汉时期仍是军队转运粮草的通道,唐宋时期以后及至明清时期是"湘米南运""粤盐北运"及中原地区与岭南地区物资交流的交通要道。自秦代及至中国近代,灵渠漕运跨越多个朝代,具有悠久的漕运历史,形成了独具特色的商业、人文、管理等漕运文化。

兴安水街是灵渠特色漕运文化的历史见证。如果说铧嘴、大小天平、陡门是体现灵渠高超的水利及航运工程技术,而因运河而生、因运河而兴的水街,则是灵渠漕运兴衰的见证。灵渠漕运承担着粮食、食盐等的运输,漕运码头停泊着漕船,与漕运、码头配套的就是装卸、仓储、商贸、服务、饮食、文娱等行业的发展。漕运的兴盛必然推动市镇的繁荣,兴安著名的水街就是漕运繁荣时形成的历史商街。水街是灵渠穿经兴安县城的一段街区。据说水街的历史可追溯到汉代,形成于唐宋时期,繁荣辉煌于明清,是具有近千年历史的老街,曾是南北商船的中转站和货物集散地,是当时岭南重要的商贸中心。水街的兴盛得益于灵渠漕运发展,盐运、漕粮等大批货船每每经过于此,必然会在两岸停下靠泊或装卸货物,使水街成为水路交通的交汇点。灵渠两岸帆樯林立,水街上店铺栉比,商贾云集,秦楼楚馆,极尽繁华。清代学者苏宗经有诗云:"行尽灵渠路,兴安别有天。径缘桥底入，舟向市中穿。桨脚挥波易，蓬窗买酒便。水程今转顺，翘首望前川。”①诗句生动地描写了水街的繁华和市井风情。人流和物流的聚集促进了这条古老商业街的发展和繁荣，也使水街成为南北文化交融之地。如今的水街，犹如一条记载历史的长廊，这里的古建筑、亭台、古桥、雕塑等载体鲜活地再现了灵渠及水街曾经的沧桑和辉煌。民国时期的灵渠水街和当代灵渠水街如图 1-11。

图 1-11 民国时期灵渠水街图和当代灵渠水街图

陡军的历史及文化也是灵渠漕运文化的代表之一。据记载，明代严震直疏通灵渠后，为保证陡门安全及运行，派季、颜、宿三位部下帅兵驻守并维护陡门，这支队伍后被称为“陡军”。自此以后，陡军由“季、颜、宿”三姓人士世袭，他们的后代世居在灵渠沿岸的季家屋场村、枫树山村、茄子塘村、溶江街附近的村庄里，一直奉旨实行“军屯”，世袭守陡。直至民国时期，灵渠上依然还有陡军忙碌的身影。灵渠 36 陡，每个陡门由渠长和渠目 2~3 人负责。陡军是半军半农，平时可以种田，有船只经过，主要是官方的船只过的时候，负责开启和关闭陡门，还负责陡门的管理和维修及保护。陡军存在的时间跨度长达 600 余年，在灵渠最兴盛时期和舟楫往来的背后，其始终没离开过陡军的身影。陡门的作用虽已丧失，陡军也已成为历史，但遗留的陡军文化是灵渠历史文化中非常重要的一部分，代表着灵渠漕运的发展过程。陡军的后裔还在繁衍，居住的村落已成为承载灵渠人文信息与文化符号的重要载体，是灵渠辉煌历史的一个缩影，有非

① （清）苏宗经：《出陡河过兴安县》。

常大的参观和研究价值。有学者认为季家屋场、枞树山等陡军村落的存在,就是灵渠军屯文化的"活化石"。

灵渠的维护和管理所蕴含的制度文化也是漕运文化的重要组成部分。灵渠是维系中原地区与岭南地区的漕运通道,对运河维护及管理至关重要。良好的设施水平、便捷的运输方法和有效的管理措施是漕运物资保质并如期到达目的地的根本保证。隋唐时期,灵渠的重要维修由地方高级官员负责,基本是"一把手"工程,这样能确保维修所需各种资源得到保障,也能保证工程进度和质量,这也是灵渠工程遗存至今的重要原因之一。两宋及至明清时期,灵渠的日常维修和管理已建立了正常的制度。灵渠的日常管理基本是属地管理,由灵川、兴安知县负责。这种委托属地直接管理的办法是非常方便和有效的,有许多成功的经验,可为后世借鉴。

灵渠陡门的运行有一支专业的管理队伍,与现代的船闸通航管理机构类似。据文献记载,这种管理方式从明代就开始实行,人员以世袭为主。在清代,陡门管理队伍设渠长一人,渠目一人,每陡设陡夫二人。渠长、渠目由官府任命,陡夫为附近村民。

为了保障灵渠航运畅通,各朝各代地方主管官吏还通过发布告示、禁令或规定等方式加强对灵渠的通航管理,如清代的《禁止木簰出入陡河告示碑》、民国的《严禁木排入陡河布告碑》和《规定陡河行船办法》等。这些禁令或规定与现在的航道或船舶通行管理规定类似,所以各朝各代对灵渠航道及船舶通航遇到的各种问题,有一套比较健全的管理制度,这些今天也值得我们学习和借鉴。总之,灵渠的这些管理制度是各朝各代灵渠管理经验的总结与提炼,其完备性、周密性和成熟性及整合的意义,反映了我国传统制度文化建设与发展的特质。

3. 灵渠有着深厚的社会文化底蕴

灵渠的开凿不仅使岭南地区与中原地区间水路交通变得便捷,货物流通顺畅,促进了经济繁荣,同时南来北往的官吏、商人、船夫、旅游者、迁徙者、各种工匠和雇工等群体携带着中原文化、湘楚文化、岭南文化及异域文明等不同地域、不同文化形态的制度、风俗、习惯在此聚集、碰撞、改造、融合,逐步演变成为灵渠的社会文化形态。人员往来和南北经济文化的交流,使得2200多年历史的灵渠工程不仅拥有铧嘴、大小天平、陡门、桥梁等物质遗存,还有庙宇祠堂、亭台楼榭、历代碑文、石刻等和灵渠有关的历史建筑、文化等遗存和资料,积淀形成了深厚的历史、建筑、文学艺术、民俗风情等社会文化底蕴。

由于灵渠的特殊位置，其也承担了文化传播的重任，所以中原地区与岭南地区从生活方式、文化活动到建筑风格，在灵渠的流动中互相影响、渗透、融合，使灵渠两岸的建筑文化丰富多彩。水街因灵渠而兴，沿街的建筑风格传承了秦汉文化，又融合中原文化与岭南文化，充分体现了运河的南北文化融合的特点。这里的古建筑既有小桥流水、青瓦白墙的江南水乡民居特点，又有岭南百越民居吊脚楼的特色。渠上的古桥不仅类型多样，而且都刻满了历史的痕迹和故事传说。现存最早的桥是汉代伏波将军马援当年疏通灵渠时修建的一座石桥，名为马石桥（又称马嘶桥），如图 1-12 所示。

图 1-12　灵渠马嘶桥

除了汉代的石桥，灵渠上还有唐代的万里桥、宋代的接龙桥、明代的万里桥、清代的霞云桥、民国的漓江桥，这些桥都有与灵渠相关的故事而成为灵渠文化的一部分。

灵渠的建设史及与之相关的石刻碑文，历史上到广西任职的官员和被贬流放桂林的朝官京官，以及往来灵渠的文人墨客，见景生情，留下了大量的诗词文章和历史文献，其中有资料可查的古诗词就有 400 余首，散文、历史文献和碑记 500 余篇，另外还有一些对联和题刻等，这些诗词歌赋都具有深厚的文化价值。有关灵渠的众多民间故事，两岸淳朴好客的民俗民风，也都是灵渠丰厚的文化元素。

(二)灵渠的文化时代

灵渠与时光同行,在岁月中演变。历经2 200多年的不断发展,灵渠不仅对岭南地区的经济社会发展起到了巨大的推动作用,而且留下了丰厚的物质文化遗产,成为我国水利、航运发展史上的一个里程碑。虽然在它的年轮上镌刻的沟通南北交通要道的“漕运时代”印记已然淡去,但作为见证中国历史发展进程的伟大运河工程和人类水利工程的杰出代表,其积蓄的水利技术、漕运和丰富社会文化依然闪耀着中国古人智慧的光芒,成为中国乃至世界古运河的瑰宝,在我们国家日益重视传承和发扬民族优秀传统文化的今天,其文化之河时代已然开启。

今天,中国已进入新时代,随着经济的崛起,世界的目光日益关注中国及中国文化。与此同时,党中央提出要推动文化大发展、大繁荣,实现中华民族伟大复兴。灵渠古运河文化作为中华文化的组成部分,它的传承和发扬具有重要意义。灵渠的文化时代要求我们挖掘、探索和传承灵渠的历史和深厚的文化底蕴,拓展和发扬灵渠古运河的文脉,将灵渠所蕴藏的文化进行创造性转化和创新性发展,把根植于灵渠文化的精华延伸至更为广阔的空间,使中国这条最古老的人工越岭运河从水运通道拓展为古代中华文化与精神层面的一个象征。党的十九大报告提出,“文化是一个国家、一个民族的灵魂。文化兴国运兴,文化强民族强”。这是灵渠文化建设的行动指南。

2018年8月14日,灵渠成功入选“世界灌溉工程遗产名录”。灵渠从一条联系中原地区与岭南地区的水路漕运通道发展到成为世界遗产,正以其跨越时空之长、历史遗存之丰、文化底蕴之厚、价值之珍贵逐渐获得世界认可。其所蕴含的突出的文化价值在更高层面更广泛地开始被世人关注,对它进行保护和利用问题也成为新的时代命题。兴安县政府及有关的社会组织正在为灵渠申报世界文化遗产而积极努力,同时也为“保护好、传承好、利用好”灵渠文化,迎接灵渠的文化时代做着各项准备工作。

第二章　中国历代交通及灵渠的地位和作用

第一节　中国历代交通简介

我国疆域辽阔、江河纵横、海岸线漫长，有发展水陆交通的优越自然条件。五千年来，智慧勤劳的中华民族先民勇于征服自然，攻坚克难，为军事进退、政情沟通、经济开发、物资流通、文化传播、民族融合、国际交往建设了领先时代的交通网络，创造了先进的交通技术，积淀了深厚的交通文化，缔造了我国古代交通的光辉历史，谱写了世界古代交通史壮丽的篇章。我国古代交通发展历程，从先秦到清末，大致划分为以下五个阶段。

一、先秦时代的交通

先秦时代，包含夏殷商周，以及春秋战国。具体来说，先秦是指秦朝建立之前的历史时代。夏初至战国末年，在这一千七八百年中，中原大地各民族不断地进行着融合运动，直至战国末期，各民族的大融合大体成熟，迎来了秦汉大一统时代。先秦交通和各民族融合运动，关系密切、相互影响、互相促进。先秦的民族融合运动奠定了华夏及中华民族基础，而先秦的交通事业也为中国的交通打下了初始的根基，之后国内交通区域不断拓展与完善，车船等水陆交通工具陆续被发明。在陆路上，修筑了许多通行道路；在水路上，不仅利用黄河、长江天然水道，而且相继开凿了胥河、邗沟、鸿沟等人工运河，这个时期都有发展，并取得了相当大的成就。无论是从交通的基本干线，还是从交通的职能上看，先秦时期的交通在秦统一全国之前已经都已较为完善了，对于政治、经济、军事、文化的发展都起到了重要的推动作用。

黄帝时期“披山通道”[①],平定了天下。夏禹时期,“开九州,通九道”[②],疏通了九州通往京城(冀州)的水路通道,开通了翻越九条山脉的道路。《禹贡》中较为详尽地描述了九州各自的水道,以及州与州之间互相连接的水道,各州向京城贡赋途经水道。殷商时期,都城内道路纵横,主次相配,构成了棋盘式的交通网络。至商晚期,陆路已形成了以殷墟为中心向地方辐射的国家道路网络,并建立了一套相关的路政系统,设立路守据点和守所,以保障交通的畅通,专设提供贵族阶层人员过行食宿的“羁舍”,设立了消息传递的驿传之制和驿站。商代水路与陆路交通并举,在若干要道和河道结合处,专设渡津。经夏商两个朝代的开拓,到西周初期,我国水陆交通已经初具规模。

西周时期,中国道路的规模和水平都有了较大的发展,并首次出现了较为系统的路政管理。周武王姬发灭商后,不仅以都城镐京(今西安附近)为起点,修建了直通东都洛邑(今洛阳)的“周道”,同时还在都城附近修建了多条高等级道路,并设置专门官员管理。《诗经·小雅·大东》里就有“周道如砥,其直如矢”的描述,指的就是周朝时的道路。

春秋战国时期,诸侯割据,战争频繁,社会动荡不安,各诸侯国修筑许多通行战争车辆的道路。中原各国以道路为主,在各国之间开辟了许多纵横交错的交通大道,称为“午道”,同时还在沿途设立了传舍。水路交通不仅利用长江、淮河和黄河等天然河流,还相继开凿了胥河、邗沟、荷水和鸿沟等人工运河。

二、秦汉时期的交通

秦汉时期,中国进入大一统时期,交通也随着政治的进步迈入了一个新的时代。《礼记·中庸》第二十八章曰:“今天下车同轨,书同文,行同伦。”“车同轨”充分表现了交通在大一统后出现的新面貌。秦汉的交通在道路和水路及馆舍邮驿方面都得到快速发展,形成了全国性交通网络。秦始皇修建了以咸阳为中心的“东穷燕齐,南极吴楚,江湖之上,濒海之观毕至”的“驰道”,连接咸阳和北部边疆用于军事目的的“直道”,通西南夷道,通南越道。汉代在秦代道路的基础上,继续建设了以长安或洛阳为中心、向四方辐射的国内交通网和域外通道,包括著名的褒斜道、夜郎道、回中道、子午道、飞狐道、马援所刊道、峤道和通

---

① 《史记·五帝本纪》。

② 《史记·夏本纪》。

往西域的丝绸之路。秦汉时期,内河和海运业有了较大的发展,秦开凿了连接长江水系和珠江水系的灵渠,开辟了从合浦港等出发到东南亚等地的海上通道。

三、魏晋南北朝时期的交通

魏晋南北朝时期,群雄割据,战乱不止,全国统一的交通体系分崩离析。陆路交通方面,为适应军事形势的需要,在秦汉时期开通道路的基础上,进行了更大规模的道路建设。但因中国处于割据分裂状况,地方势力为稳固自己的统治,都着力建设地方道路。随着经济中心的南移,交通建设打破了以中原为主的格局,南方的水陆交通日臻完善,边疆和对外交通也有了较大的发展。陆上丝绸之路在东汉末年中断后,曹魏时期又将其恢复。以内河航运为主的水运,在魏晋南北朝时期非但没有萎缩,反而有更大规模的发展。魏晋时期,太湖水系、北方白沟、利漕渠、平虏渠、泉州渠等渠道的开凿,沟通了南北交通。南北朝时期,对江南的水道进行了修复和扩建。根据郦道元《水经注》记载,魏晋南北朝时期的水路交通比前朝又有了较大发展,河运已经相当普遍。珠江水系在魏晋南北朝时期,将"海上丝绸之路"的商业贸易和北方地区的商业贸易相连接,促进了商品进出口的发展。

四、隋唐时期的交通

隋唐时期,伴随着中央集权制的加强,封建帝国再度建立并发展到顶峰,中国水陆交通进入了一个新的历史阶段,南方地区交通地位明显提升。隋朝完成了贯通南北的大运河工程,沟通了海河、黄河、淮河、长河、钱塘江五大水系,这是世界上开凿最早、规模最大、历程最长的人工运河,是古代中国南北交通的大动脉。唐朝充分利用运河水路交通优势,在全国组织了一个比较发达的水运网。据《旧唐书·崔融传》记载,当时全国已经形成了四通八达的水运网:"……天下诸津,舟航所聚,旁通巴汉,前指闽越,七泽十薮,三江五湖,控引河洛,兼包淮海。弘舸巨舰,千舳万艘。交贸往返,昧旦永日。"

以洛阳、长安为中心的四通八达的交通网重新建立起来,京城与各州之间都有通道,并以此新开和修筑辐射各地的道路系统,唐朝的都城长安成为国内外交通枢纽和贸易中心。帝国的繁荣昌盛和国际地位的优越,使隋唐通往异域的交通也非常发达,“从边州入四夷,通译于鸿胪,者莫不毕纪”[1]。其中最主要的七条通道中,有五条是陆路,两条是海路。陆路从长安出发向东可达朝鲜,向西经陆上“丝绸之路”可以通到印度、伊朗、阿拉伯及欧非许多国家。海路方面,从登州、扬州出发,可达韩国、日本;从广州出发,经海上“丝绸之路”,可到达波斯湾。广州是唐朝时期南海贸易最繁盛的口岸,朝廷在广州设有市舶司,在对域外交通上,“海上丝绸之路”的地位特别重要。

五、宋元时期的交通

宋元时期,随着疆域变化和交通工具的改进,交通建设呈多样化发展,交通网络进一步得到扩大和改善,交通进入了鼎盛时期。两宋时期的道路,以北宋的汴京(今开封)、南宋的临安(今杭州)为中心向外辐射。虽然两宋朝廷与辽、西夏、金等民族政权长期对峙,一直处在和、战交替的状态,但是全国各地和通往异邦地域的交通依然畅通,贸易依然活跃。两宋时期,指南针开始被用于航海领域,使航海技术发生了巨大的变革。造船技术也在宋代趋向兴盛,已把帆船作为海上交通的重要工具。指南针的发明和造船业的发达使宋代的海上交通尤为繁盛,可从广州、泉州、明州(今宁波)等地出航东南亚、印度洋及波斯湾,泉州成为当时世界上最大的国际贸易港口。

元代的交通是陆路、海运和内河共同发展。元朝除继续开挖运河,使京杭大运河全线通航外,又开辟了以海运为主的漕运路线,从南向北通过海上运送粮食,使得沿海的海运事业非常兴盛。在全国水陆交通上,元代拓展了自汉唐以来的大陆交通网,构建起以大都(今北京)为中心,通往全国各地及异邦的交通干线,进一步覆盖了亚洲大陆的广阔地区,并沿途遍设站赤,保持道路畅通。元朝军队骁勇善战,军队远征东至高丽及日本海,西至亚细亚、大食、波斯及东欧。客观上促进了中国与外部世界的交通联系。因此,元朝时期的中外交通之盛,亘古未有,交通发展达到了历史空前的高度,与前朝的交通规模更大、效率更高,中外文化的交流也达到最为频繁的时期。意大利人马可·波罗到元帝国游历之后所留下的《马可·波罗游记》,就是在这方面的真实记录。

六、明清时期的交通

明清时期是我国由统一多民族国家巩固和封建制度由盛转衰、由繁荣走向

---

① 《新唐书·地理志》。

没落及至消亡的时期，这一时期交通发展也经历了曲折的过程，特别是清朝后期我国受到西方列强的大举侵犯，使中国交通发生了历史性转折。

明代以南京、北京为中心，在国内建立起较完善的水陆交通网，航运业发展非常繁荣。当时的水路交通以贯穿南北的京杭大运河为运输大动脉，辅以各大水系和东南沿海的多条航线，构成明代的水路运输网络系统。永乐三年（1405年）至宣德八年（1433年），郑和七下西洋，把我国古代的航海活动推向了顶峰。但明代中后期及清代实行了海禁，海运交通为之梗塞，中国航海事业从此渐行衰落。

清朝是中国历史上最后一个封建王朝，当时的水陆交通基本沿袭前朝之制，清朝前期在更为辽阔的地区建立起新的交通干线。但1840年爆发中英鸦片战争，清政府战败，被迫与英国签订了中国近代史上第一个丧权辱国的不平等条约——《南京条约》。按照条约的规定，清政府开放五个通商口岸，中国门户为之大开，西方列强纷纷侵入。近代交通工具火车、汽船和汽车随列强进入，来自机械的动力逐渐替代了以前使用的人力、畜力、水力和风力，交通建设和组织更为商业化，铁路、海运、公路线路不断开辟，与以前专为军事政治服务而设的交通大为不同。中国交通由此转入为商贸服务的一个新的时代，历经五千多年的中国交通发展历史翻开了新的一页。

纵观中国五千多年交通发展历史，我们可以看出，中国古代历史发展的每一个阶段，都有中国交通进步的轨迹，交通的发展与中华民族的繁荣进步息息相关。上古时期古人编木为筏、刳木为舟，黄帝时期的“披山通道”，夏禹时期的“开九州、通九道”，西周时期的“周道如砥，其直如矢”，秦代的驰道和灵渠，汉代的丝绸之路，隋唐时期的大运河，宋元明时期京杭大运河和海上交通，经过中华民族无数代人的智慧和劳动，在辽阔的疆域建立起领先于世界的“纵贯南北、横贯东西、通江达海、四向联通”的交通网络，创造出门类齐全的交通工具，为国家的统一、政治的安定、经济的繁荣、各民族的融合发展，以及扩大文化影响和对外交流等奠定了基础。尤其是以指南针为代表的重大发明和丝绸之路的开通，为人类交通事业的发展、贸易往来和东西方文化的传播做出了不可磨灭的贡献，充分彰显了中国交通文化的源远流长和博大精深。

第二节 灵渠在中国古代交通史上的地位和作用

灵渠是我国也是世界上最古老的运河之一,虽全长不足40公里,规模不大,但它沟通了长江、珠江两大水系,也是连接长江、珠口两个流域的唯一水路运输通道,其战略意义、地位十分重要。它不仅在秦代,而且在以后的2 200多年中,都是中原地区与岭南地区的主要交通要道之一,推动了地区交通事业的发展进步,对促进经济文化交流、加快岭南地区的开发等,意义都非常重大。

一、灵渠是我国古代中原与岭南最便利的军事和漕运通道

岭南地区指今五岭(大庾、骑田、萌渚、都庞、越城)以南广大地区,位于我国南部,为独立地理单元,地处热带、亚热带地区。岭南地区襟山带海,东、西、北三面群山环抱,南临南海,形似一个向南倾斜的盆地。五岭山脉由东至西,绵延1 000多公里,横亘于岭南地区北部,犹如一道巨大的天然屏障,一隔五岭南北,成为历史时期中原地区与岭南地区交通的天然障碍,给历代中原地区与岭南地区的人员和货物往来带来了极大的不便。《晋书·地理志》载:“自北徂南,入越之道,必由岭峤,时有五处,故曰五岭。”故交通发展,受崇山峻岭之限。

先秦时代,虽有五岭之隔,但五岭南北各族人民之间在政治、经济上已经有了联系,聚居岭南地区的百越族已向中原王朝贡献珠玑、玳瑁等特产,五岭南北之间也形成了一些越岭小道。根据考古发现和文献记载,春秋战国时期,五岭南北的交通路线有东、中、西三条,都是以水路为基础,水陆结合的线路。东线大庾岭通道:逆赣江而上,至大余县章江上岸,改从陆路过大庾岭,进入岭南,从南雄下浈水会北江,抵达番禺等岭南各地;中线骑田岭通道:由湘水至湖南衡阳,入湘江支流耒水,至湖南永兴,改从陆路过骑田岭至连山县,顺连江而下会北江入岭南;西线越城岭通道:由洞庭湖、湘水,陆路过越城岭,顺漓江而下,至岭南各地。另外,战国后期五岭南北交通路线增加一条,即萌渚岭通道:由湖南零陵入湘江支流潇水,至湖南道县,改陆路过萌渚岭,入珠江支流贺江,经西江,至岭南各地。先秦五岭南北交通路线如图2-1所示。

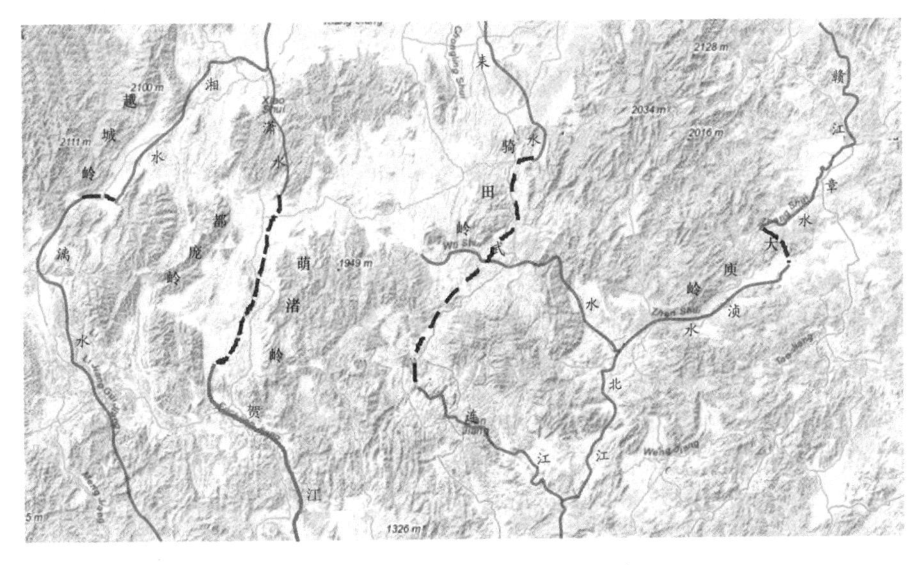

图 2-1　先秦五岭南北交通路线示意图

翻越五岭的通道,大体是自中原地区至长江,然后分别溯赣江、湘江及支流等至五岭北坡,从陆路经过峻岭,然后分别由珠江的支流浈水、北江、连江、漓水、贺水等进入岭南各地。在过岭的通道中,大庾岭、骑田岭、萌渚岭通道分水岭南北两侧的两水上源间相距都较远。其中,大庾岭通道章江与浈江间越岭陆路全程约 45 公里;骑田岭通道耒水与连江间越岭路程约 250 公里;萌渚岭通道潇水与贺江间越岭陆路全程约 170 公里。这些越岭通道陆路不但距离较远,而且山势陡峭,高差大,山路崎岖曲折,林木茂密,野兽出没,开山辟道甚为困难,仅在河谷、盆地天然山间隙构建的小道可以通行,通道甚为不畅。越城岭通道较其他通道而言,湘漓二水距离约 40 公里,虽相距较远,但湘水上游的海洋河与漓水支流始安水距离较近,相距只有 1~1.5 公里,两者水位相差也只有 6 米。二水间隔着太史庙山、始安岭和牌楼岭等丘陵的宽度仅 300~500 米,相对高差约 20~30 米,分水岭的阻隔较小。由于湘江的海洋河与始安水的分水岭不显著,两河源头距离较短,在此处开凿越岭运河、引湘入漓具有极为有利的地形和水文条件。因此,秦人选择了在这个五岭通道中的最佳位置,修建沟通长江水系和珠江水系的灵渠,既利用了有利的地形条件,又利用了有利的水文条件,充分反映了灵渠的修建者当时的选址是非常科学的。从秦人开始修筑灵渠之后的两千多年历史中,再也没有开凿第二条连通长江、珠江的运河了。这也说明了开凿越岭运河灵渠的科学性和文化价值。

灵渠的凿通改变了“水陆水”越岭交通模式，可从中原地区全程经水路到达岭南地区，省去了经陆路翻越五岭的艰辛，又避开了帆船经海路航行风波之险，开创中国越岭便捷水路交通的先河，使灵渠成为历代封建王朝军事和国家战略的重要通道。秦统一岭南地区的战争是开凿灵渠的最大动力，因其为粮饷器械等军用物资运输之用，作为军事补给的重要生命线在统一岭南地区的过程中发挥了至关重要的作用。西汉时期，汉武帝平定南越丞相吕嘉反叛，郑严所率领的水军正是通过灵渠下漓水而到达番禺的[①]。东汉伏波将军马援南征交趾，平定二征叛乱，灵渠是平叛军队运输粮草通道[②]。唐朝僖宗时期，黄巢率起义军由岭南北上，从桂林，经灵渠，顺湘江北上，占领湖南永州、衡阳等地，可以说明灵渠为起义军所用[③]。因此，从秦汉及至唐代，灵渠是中原至岭南的主要军事通道，既是功退的行军路线，也是主要的后勤补给线，在军事战略上地位十分重要。

灵渠除了作为军事通道外，至隋唐以前，中原地区与岭南地区之间政治、经济和文化交流最直接、最经济的交通路线就是取道灵渠的路线，即从关中出发，经商州，过邓州，到江陵，再沿长江入洞庭湖，溯湘江出岭外，由灵渠入漓江，其中一路顺西江进入番禺，一路则溯郁江、黔江进入广西中部、南部和越南。在唐代，虽大庾岭通道崛起，但中原地区去往岭南地区的商旅也多选择灵渠线路。唐代以后，灵渠经过多次整修，通航状况好，效率高，不像秦汉时期那样主要为朝廷的政治和军事需要服务，而是将重点转移到以漕运为主的货物运输方面，尤其是明清时期，灵渠的货物运输达到了黄金时期。

直至民国时期，经过历代的整治和维护，灵渠一直保持通航能力，在现代交通运输工具出现之前，2 200 多年来灵渠一直作为中原地区与岭南地区最便利的通道。清代陈元龙《重建灵渠石堤陡门碑记》中说：“夫陡河虽小，实三楚、两广之咽喉，行师馈粮，以及商贾百货之流通，唯此一水之赖。”充分说明了灵渠运输的便利性和重要性。湘桂公路、铁路通车后，灵渠水路运输逐渐衰落进而终止。

---

① 《资治通鉴·汉纪》。

② 《太平御览》卷 65。

③ 《旧唐书·黄巢传》。

二、灵渠是海上丝绸之路的重要节点

宋代李师中的《重修灵渠记》中记载："北通京师，南入于海"，明代孔镛的《重修灵渠记》中记载："北会于湘，南回于漓。湘达洞庭江汉，漓通两广南海。"这些历史文献都记载了灵渠沟通长江水系和珠江水系，完善了古代中国内河航运系统，为中原地区通达岭南地区乃至沿海地区开辟了一条水路通道，通过长江、湘水、灵渠、漓水即可到达合浦港、广州港，对古代海上交通路线的开辟起到了极大的促进作用，将中原地区交通与岭南地区交通及域外交通融为一体，构成了中外陆海交通通道，促进了中国与海外国家的贸易往来。

西汉时期，灵渠运河水路交通延伸到了南海，形成了长安至北部湾合浦的水陆交通线路。西汉的商队从长安出发，先走陆路经南阳至南郡（今湖北荆州），然后顺长江水路入湘江，过灵渠，再通过北流河、南流江，即可顺利到达合浦港。通过合浦、徐闻等港口经海路连通东南亚、南亚与西亚等地区和国家，形成一条航海贸易路线，这就是著名的古代海上丝绸之路。《汉书·地理志》记载："自日南障塞、徐闻、合浦船行可五月，有都元国，又船行可四月，有邑卢没国；又船行可二十余日，有谌离国；步行可十余日，有夫甘都卢国。自夫甘都卢国船行可二月余，有黄支国，民俗略与珠厓相类……船行可二月，到日南、象林界云。黄支之南，有已程不国，汉之译使自此还矣。"[①]据考证，上述诸国主要位于现在的马来半岛、苏门答腊、缅甸、印度、斯里兰卡等地。由此可见，自汉武帝开始，南海上的中国航船，来往于日南、徐闻、合浦与中南半岛、印度东岸之间非常繁盛，这些航船中，很多是为交易货物而往来的。中国商船装载着丝绸、瓷器等，与沿线国家交换到犀角、象牙、珠玑、玳瑁等物甚至还有活犀牛，部分货物还通过印度中转到西亚和欧洲，与这些地区进行间接贸易往来。东汉时，南海交通之繁盛，仍不减于西汉。《后汉书·西域传》说："天竺国，一名身毒。……至桓帝延熹二年，频从日南教外来献。"又"至桓帝延熹九年，大秦（罗马帝国）王安敦，遣使自日南徼外，献象牙、犀角、玳瑁。"这证实了东汉末年，日南、印度间的交通一直未断绝，而远在欧洲的大秦（罗马帝国）也在这时派员从南海到中国进行交往和贸易，也和中国实现交通联系了。综上可以看出，汉代时这条海上丝绸之路已经畅通无阻了。西汉海上丝绸之路航线如图 2-2 所示。

---

① 汉·班固：《汉书·地理志》。

灵渠作为我国沿海和中原腹地的重要连接点，它的凿通为合浦港的海上丝绸之路的发展提供了优越的通道条件，使得中国腹地与东南亚、南亚间形成了一条相当便利的、距离较短的水路直达通道。借助这条通道的优势条件，也使合浦港成为我国最早的同时也是最重要的海上丝绸之路始发港口。罗马的玻璃器具，非洲的象牙、犀角，西亚的银器，南亚和东南亚的琥珀、玛瑙、珠玑、果品等异域珍品，通过海上丝绸之路到达合浦港，再由合浦北上，通过漓江、灵渠、湘江、长江等运至长安、洛阳，供宫廷、官宦及富豪享用。东汉王符在《潜夫论》写道："而今京师贵戚，衣服饮食，车舆庐第，奢过王制，固亦甚矣。且其徒御仆妾，皆服文组彩牒，锦绣绮纨，葛子升越，筒中女布，犀象珠玉，琥珀玳瑁，石山隐饰，金银错镂……穷极丽美，转相夸诧。"这里说的是，东汉都城洛阳一个仆妾的服饰，有产自蜀郡的锦绣，有产自山东的绮纨，也有来自西域、南海的犀象、珠玉、琥珀、玳瑁，充分说明当时洛阳四方交通的便利及陆上、海上丝绸之路的畅通和繁荣。1972 年长沙马王堆西汉墓出土了大量象牙、文犀角、玳瑁、珠玑等都是东南亚、南亚国家的物产。据史料记载，这些奇珍异宝主要是外国商人通过海上丝绸之路运到中国来交换丝绸，或者中国商人通过海上丝绸之路用丝绸交换而来，并通过灵渠通道运至长沙。

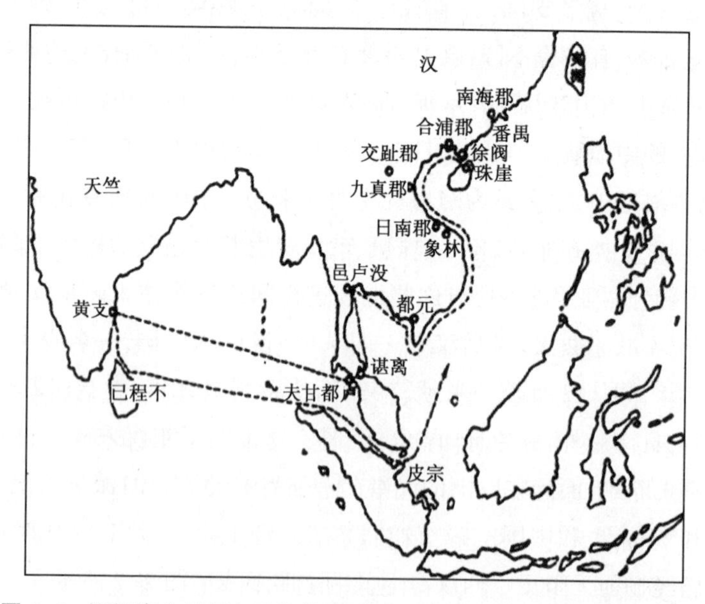

图 2-2 西汉海上丝绸之路航线图(摘自《中国科学技术史(交通卷)》)

两汉之后的魏晋南北朝时期，丝绸之路发展一波三折，灵渠也一度沉寂，直至唐代才再度繁荣通畅。唐朝作为中国继汉代之后的大一统的封建社会最强王朝，高度包容开放，域外交通十分发达，至唐中晚期最盛，尤以安西入西域道、安南通天竺道，以及广州通海夷道等丝路通道最远，较前代发展更快。其中历时最久的是南海上的通道。通过这些通道，唐朝与域外各国政治、经济、文化交往频繁，带动了丝绸之路贸易的兴旺和发展。唐朝在广州设立"市舶司"，专门接洽海外对华贸易，以确保能得到必需的奢侈品及奇珍物品。在当时，经海路、陆路两道往西输出的中国物产，多为丝绸、瓷器、精铁、皮革、刀剑和金银等，从阿拉伯地区输入中国的物产多为乳香、玛瑙、鸵鸟、椰枣等，从印度引入中国的胡椒、白豆蔻、郁金香、沉香，东南亚则以龙涎、象牙、犀角、玳瑁等为主。

灵渠作为唐代中国南海海上丝绸之路的重要一环，在海上丝绸之路繁荣的背景下，陶瓷等陆海贸易运输需求扩大，需要发挥这条古老人工运河更大的作用。因此，唐朝政府在唐代中后期对灵渠进行了大规模的整修和改建，使舟行更加顺畅，灵渠在唐代中国南北经济交流及对域外的海上丝绸之路贸易中扮演了重要的角色。1998 年，在印度尼西亚勿里洞海域发现了千年沉船"黑石号"，船上装载的货物以中国产的瓷器为主，多达 67 000 件，其中长沙窑出产的瓷器最多，达 56 000 余件。此外，船上还有一些越窑青瓷、广东窑场烧造的青瓷和北方地区巩县窑等出产的白瓷、白釉绿彩陶瓷，以及罕见和珍贵的金银器、瓷器、铜镜、唐代钱币等，种类非常丰富。"黑石号"沉船中发现长沙窑出产的一件瓷碗，它的釉下彩绘外壁刻有"宝历二年七月十六日"（826 年）铭记，可知该船应在唐代晚期。美国《国家地理》杂志评论称，这是一次千年前"中国制造"的集中展示。经专家考证，这艘船是由阿拉伯人建造的，确切证实了早期阿拉伯国家与中国之间的海上丝绸之路贸易关系的密切，也说明晚唐时代海上丝绸之路已经非常繁荣。2017 年 5 月 14 日，习近平在"一带一路"国际合作高峰论坛开幕式上的演讲中指出，在印度尼西亚发现的千年沉船"黑石号"等，是"连接东西方的海上丝绸之路"的历史见证。

"黑石号"沉船载有长沙窑出产的瓷器多达 50 000 件，迄今考古都没有出现过数量如此惊人、保存如此完好的长沙窑瓷器。长沙窑在什么地方？据考证，沿湘江岸边湖南长沙的铜官镇就是著名的唐代烧瓷器的窑址，也就是中晚唐时期长沙窑的瓷窑遗址。长沙窑是中国历史上较早的以烧造釉下彩陶瓷为主的窑场，兴盛于唐中晚期，至五代时期终结，其产品当时大量用于外销。在"黑石号"沉船打捞出来的 50 000 件长沙窑瓷器中，有大量的碗，而这些碗都是釉下彩。

如此大量长沙窑瓷器是如何运到港口并装船外销的？因瓷器易碎，陆路运输比较困难，随着航海技术的发展和海外贸易的扩展，中晚唐以后大规模的对外输出主要依靠海路，从港口出发，扬帆海外，源源不断地输往海外地区。历史资料和考古发现也表明，大规模的瓷器贸易，尤其是长途国际运输必须以低廉、安全、运量大的水路为前提。长沙地理位置优越，水陆交通便利，以湘江为依托，有舟楫之利，水路东通江淮，西接巴蜀，南下岭南。长沙窑位处湘江，生产的瓷器分别通过湘江长江、灵渠珠江水路，运往当时的扬州、明州和广州，再运往世界各地。水路交通为瓷器大量外销提供了一个很重要的运输条件。长沙窑出口外销瓷器运输主要有两条路线：

一是沿湘江入洞庭湖，顺长江下达扬州，经大运河转运至明州（宁波）出海，出口至东南亚、南亚和西亚等地区。唐代的扬州利用大运河之利，成为南北交通枢纽，是对外贸易的重要港口之一，连通了陆上与海上丝绸之路，为此唐代朝廷专门设立市舶司，管理对外贸易。根据文献记载及出土的瓷器可知，长沙窑的外销瓷器多沿这条线路运输。

二是溯湘江而上，经灵渠，通漓江，达珠江，至广州，再装海船，出口至海上丝绸之路沿线国家。唐开元年间，名相张九龄开辟了大庾岭新道，它在五岭交通的格局中扮演着越来越重要的角色，成为南北货物交流和人员往来的主要通道。在这种交通的格局中，距大庾岭道较近的广州就一举超越汉代的合浦、徐闻成为南北政治、经济、文化交流岭南地区的重镇，成为唐代最大的对外贸易中心。安史之乱后，西北陆上丝绸之路被阻断，海上丝绸之路迅速崛起，广州接过了“丝绸之路”的大旗，中原地区及江南地区的商旅货物，不断向广州涌来，各国的商船也纷至沓来，丝绸、陶瓷等“大唐制造”的商品以广州为窗口，源源不断地运往域外国家。对于长沙窑外销瓷器的国内运输，从运输距离上讲，瓷器溯湘江，经灵渠，至广州，将顺长江而下至扬州、明州出口则近很多，但在唐宝历元年前，灵渠通航条件较差，所以通过此通道运输量较小。

唐宝历元年（825 年）后，灵渠通道是否具备大量运输长沙窑出产的瓷器的可能性呢？从地理情况、历史资料分析，长沙窑生产的瓷器有大量外销需求，而广州港当时是全国最大、最重要的对外贸易中心，是著名的丝绸、陶瓷的输出港，开辟有通往印度、阿拉伯甚至非洲东海岸的最长一条远洋航线，被称为“广州通海夷道”。广州、长沙两地距离比长沙与扬州、明州近很多，从运输距离、实效性和经济性及装船出海的便利性来讲，长沙窑生产的瓷器从广州出海外销应是最好的选择。长沙与广州间有五岭相隔，瓷器属易碎品，又比较重，大量瓷器若从长沙经大庾岭通道运往广州不可行，若从骑田岭、萌渚岭又有很长的转运距离，唯有溯湘江而上，通过灵渠通道，下漓江、桂江、西江全程水路达到广州，是比较经济和安全的运输路线。因此，随着中原地区与岭南地区经济交流的日益扩大，以及瓷器等货物海外贸易运输需求的增加，对灵渠漕运依赖性进一步增强，需要灵渠保持畅通，所以海上丝绸之路的对外贸易的发展也是推动灵渠整修的重要原因之一。自唐宝历元年起，桂管观察使李渤、桂州刺史鱼孟威分别对灵渠进行了两次整修，增设了铧嘴、陡门，使通航状况大为改善，"渠遂汹涌，虽百斛大舸，一夫可涉"，具备作为长沙窑瓷器的运输河道条件。李渤、鱼孟威对灵渠进行整修及畅通的时间，与考古学家考证及确认"黑石号"沉船年代为9世纪上半叶基本处在同一时间段。因此，在"黑石号"的年代，长沙窑的瓷器完全有可能通过灵渠运往广州，再行销海外。

另外，在"黑石号"上的彩绘长沙窑瓷器不像船上其他长沙窑单色釉瓷器那样散落在海底，而是装在大瓮中。经过考古学家的考证，大瓮产自广州新会官冲窑。这些大瓮形体硕大，十分结实，非常适合包装形体较小、规格统一的瓷碗。根据大瓮的形态可以判断出，"黑石号"商船应到过广州，而且这些长沙窑瓷器是在广州装入瓮内外运的。因瓷器在装卸过程中容易破损，若从长沙经湘江、长江运至扬州或明州装船，再由扬州或明州出发至广州再卸船进行重新包装的可能性不大。这些瓷器应是从长沙溯湘江经灵渠运到广州的，在广州装入瓮内再出运才是经济合理的。因此，在灵渠经整修后，大量的长沙窑生产的瓷器经灵渠到广州，再装到"黑石号"等商船外运。

除以长沙窑为代表的釉下彩瓷器开始风靡国际以外，茶叶也是海上丝绸之路贸易的重要货物。晚唐时，长沙是中国重要的茶叶贸易中心，沿着陆上"丝绸之路"，长沙的茶叶输送至西域及世界各地；通过海上丝绸之路，比较近的运输距离是通过灵渠运往广州，再经海路外销至东南亚地区。

从上述史料可以看出，在唐代长沙窑瓷器以及之后的茶叶等货物溯湘江，经灵渠下达广州，再出口至海上丝绸之路沿线国家，灵渠成为海上丝绸之路的重要运输通道。

三、灵渠是南北技术、文化交流通道

灵渠古运河的开通，对中国大一统国家交通体系的完善起着重大作用，不但促成了国家的统一,加强了中原地区与岭南地区的政治、经济和文化交流,还将中原先进的技术传到了岭南及岭南山地,进一步加强了信息的传递与文化的交流,促进了岭南文化的发展,共同推动了中国历史文化发展的进程。

(一)促进了岭南地区生产工具和生产技术的发展

灵渠开凿之前,岭南偏居一方,受重山阻隔,与中原地区交流少,造成岭南地区在生产技术、文化等方面较为落后。秦统一岭南地区后,为加强统治,开发岭南地区,秦从中原地区大量移民至岭南地区。这些移民多循水路,经灵渠南下,在岭南各地定居。这些移民带来了中原地区的先进生产工具和生产技术,并在桂北一带及岭南地区加以利用,使这些地区的生产劳动水平有了较大的提高,大大推动了社会的进步。广西平乐县汉墓就出土有铁口锸和铁口铧,说明汉代桂北地区就广泛使用中原地区的铁制工具。

(二)促进了岭南地区商业文化的发展

生产工具和生产方式的进步使得岭南地区经济得到发展,进一步促进了岭南地区与中原地区的贸易交流。自秦汉开始,灵渠作为海上丝绸之路的重要节点,大量东南亚、南亚及西亚的奇珍异宝经此转运至中原地区,瓷器丝绸等中国特色商品由此水运至合浦港、广州港,扬帆出海,销往国外。唐宋时期,岭南地区的盐、粮食等商品经灵渠北运,这些商品都以邻近桂林为集中点,使桂林成为岭南地区的商业重镇。明清时期是灵渠南北商品运输发展的黄金时代,成为“三楚两广之咽喉,商贾百货之流通,唯此一水是赖”。中原地区与岭南地区商品在灵渠的大量运输、中转,带来了贸易的繁荣,进而促进了商业文化的广泛交流和发展,中原地区及其他地区的商业文化不断渗透,并与本地文化融合,形成了独具特色的商业文化,留下了诸如兴安水街等具有地域融合特色商业建筑和商业设施。

(三)促进了岭南地区文化艺术的发展

灵渠凿通后,随之而来的中原地区移民大量迁入岭南地区,使中原文化开始在岭南地区传播。首先是汉字的使用。秦始皇用“书同文”的强制行政手段,推动了汉字在岭南地区的使用。汉字的使用对岭南地区文化发展至关重要,方便了民族间的交流和沟通,促进民族融合,使岭南地区各族人民的文化水平有了质的提高。其次是思想文化的传播。秦汉及其以后的魏晋南北朝,大量中原地区的文人和官员或因躲避战乱,或因贬谪流放,来到岭南。他们兴办教育,传授文化和儒家伦理道德思想,摒除少数民族地区旧的习俗、旧的观念,提高了当地人的文明素养和文化水平,有力地促进了这些民族地区政治、经济、文化的发展。如“唐宋八大家”之一的柳宗元,805 年他因永贞革新失败,被贬为邵州刺史,但在赴任途中,又被加贬为永州司马。在永州的 10 年中,他在哲学、政治、历史、文学等方面进行钻研,写下《永州八记》《柳河东全集》的 540 多篇诗文。815 年,柳宗元接诏回长安,未受重用,后被改贬为柳州刺史。柳宗元在永州期间及从长安赴柳州上任,据专家分析[①],可能到过或路经灵渠。柳宗元在柳州期间,传授先进生产经验,发展经济,兴办教育,推行教化,倾尽全力于思想文化、经济、文化上的传播和开发,政绩显著,声名远播,其影响一直延续至今。

唐代及以后各朝代,许多中原的文人名士来到广西任职、考察或游览,其中许多是从水路途经灵渠而入广西,如唐代名相张九龄、大文豪柳宗元、大诗人李商隐;宋代政治家范成大、李师中,诗人张孝祥、刘克庄;明代宰相严嵩、政治家严震直、董传策,著名学者解缙,大旅行家徐霞客;清代诗人袁枚等。这些官员、文人为灵渠精妙所感叹,为桂林山水所陶醉,写下了大量诗篇,盛赞灵渠和桂林山水,促进了中原文化与桂林文化的交流,丰富和提升了桂林及广西文化,提高了灵渠和桂林的知名度,使桂林成为历史文化名城。

灵渠不仅是中原文化与岭南文化的交通通道,而且是中国和越南文化及中国与东南亚国家文化的交流通道。中国文化通过这条通道传播到越南等东南亚国家,使这些国家的文化深受儒家文化思想的影响,并延续至今。

四、灵渠是中国与东南亚各国人员往来的重要通道

在中国各朝代与东南亚各国的交往过程中,尤其是元明清时期,灵渠是安南、暹罗等东南亚中国藩属国的使臣或民间人士往来宗主国——中国进行朝贡或交流的重要通道之一,在中国对外关系交往中发挥了重要的桥梁作用。

元明清时期,因中国与越南的藩属关系,越南每年都派使者出访中国。这些使者大部分是通过镇南关(今友谊关)进入中国的,从左江、桂江、漓江,途经灵渠,下湘江、长江,再从京杭运河到达北京。使者中大部分为文官,如阮忠彦、

① 刘建新. 柳宗元过往灵渠考[J]. 中共桂林市委党校学报,2008 年第 8 卷第 2 期。

冯克宽、丁儒完、阮公沆、阮宗奎等,他们是越南国家的著名文臣,不仅汉文修养甚高,而且对中国历史文化也十分熟悉。在前往元明清都城北京途中,他们能够娴熟地运用汉文撰述行程日记,书写往来公文,对沿途所见、所闻有感而发,用汉诗文体咏叹摹写各地风光,创作了大量诗文,并留存至今。2010 年,由复旦大学文史研究院与越南汉喃研究院合作,历时 3 年编纂的《越南汉文燕行文献集成》出版。该文献集成主要收录了越南陈朝、后黎朝、西山朝和阮朝时期,出使中国的 53 位使者所撰写的 79 部汉文著述。该文集不但系统地展示了 1314 年至 1884 年这五百多年间中越两国友好交往的历史,而且通过“异域之眼”,从不同的视角,真切地显示了当时中国的诸多实相。此外,文献集成中的四种行程图,详细描述了镇南关至北京所经路线和各地名胜,对广西、湖南的水路描绘尤为详细。

灵渠是中国古代最伟大的航运和水利工程之一,是连接长江与珠江最便捷的水路通道,也是景色秀美的游览观光胜地。越南使臣无论从水路自漓江乘船过灵渠入湘江,还是从陆路自灵川到兴安,过湘桂走廊进湖南,都要途经灵渠。其中,很多使节在过灵渠时,对兴安秀美的河川、如诗如画的田园风光及巧夺天工的灵渠感叹不已,写下了很多描绘和赞美灵渠风光的文章、诗词。据粗略统计,越南使者咏灵渠及其相关景物如马头山、飞来石等诗文达 70 余首(篇)[①]。元朝延祐元年(1314 年),安南使臣阮忠彦乘舟过灵渠马头山,作诗《题马头山》[②]。万历十五年(1587 年),安南使臣冯克宽途经灵渠,作诗《望江晓发》。清康熙五十四年(1715 年),越南使臣丁儒完过灵渠,作诗《过兴安题马头山》《题飞来石》《过灵渠》。清康熙五十年(1711 年),越南使臣阮公沆过灵渠作诗《过灵渠题飞来石诗》。清乾隆三年(1738 年)、九年(1748 年),越南使臣阮宗奎过灵渠也作诗。此外,云南使臣过灵渠,作诗的还有武辉珽、胡士栋、吴时位、丁翔甫、潘辉注等使者。这些使臣的诗文以描写灵渠湘漓分水处、陡门、飞来石、马头山等为主,抒发了作者对灵渠工程的赞叹和沿途山光水色的赞美。灵渠作为重要中外交流政治、经济和文化的主通道,这些诗文为灵渠提供了具有重要历史文化价值的见证。

---

① 张泽槐. 谈谈湘桂走廊的越南使者诗文[J]. 广西教育学院学报,2016 第 4 期。

② 中国复旦大学文史研究院,越南汉喃研究院. 越南汉文燕行文献集成(第一册)[M]. 上海:上海复旦大学出版社,2010。

第三章　中国历代内河水运及灵渠的价值和成就

第一节　我国历代内河水运及运河发展概况

一、各历史时期水运发展简介

早在新石器时代，我国古代先民择水而居，诞生了仰韶文化、大汶口文化、河姆渡文化、良渚文化等。这些文化所属部落区域毗邻江河、水运便利，是我国古代祖先最早开凿人工河渠的地区，所以这个时代也是我国水运发展的原始阶段。这个时代具有代表性的工程是距今 5 000 多年的良渚城外围水利系统，这些水利系统具有航运功能，为良渚古城的营建提供建材等水路运输保障。

《周易·系辞下》语："刳木为舟，剡木为楫，舟楫之利，以济不通。"，可见上古时期先民已享受舟楫之利。《尚书·禹贡》载，禹分九州，各州间及州内皆通水路，都有舟楫之利，形成了以冀州为中心的水路交通系统，各州向京师贡赋皆走水路。《禹贡》中记载的九州间理想的交通系统，是中国历史上最早的水上交通系统。

夏、商、西周时期是我国古代水运的开创阶段。夏朝的大禹开川辟河，疏通水道，成功治水，为后世的运河开凿提供了经验。商朝的吴太伯开通太伯渎，东通苏州蠡湖、西通无锡的运河，距今已有 3 100 多年的历史，是已知中国最古老的运河。西周时期，周穆王命徐偃王开凿陈蔡运河，连接淮河北古沙水与古汝水，方便陈蔡两国都邑水上交通。太伯渎和陈蔡运河等人工运河证明，历经 1 800 年多年的夏、商、西周时期开创了我国内河水运及运河开凿的先河。

春秋战国时期，古代内河水运发展进入了新的发展阶段。吴国、魏国等挖通了邗沟、鸿沟等一批联系各个水系的运河，利用舟楫在天然河道与运河上运输军队及粮草器械。秦输粟于晋,就是从渭水东下,经黄河再折向北到汾水,这条 350 公里的水道,便是秦晋间运输繁忙的水上交通线。

秦汉时期,古代内河水运进入了较高级的阶段。秦凿灵渠将长江水系与珠江水系连接起来,一个全国性的河运网络便初步形成了。西汉时期的汉武帝,为提高潼关至长安的漕运能力,采纳大司农郑当时“引渭穿渠”的建议,在长安境内凿通了漕渠。为避开黄河三门峡“更砥柱之限,败亡甚多而亦烦费”[①]的漕运险阻,汉武帝时试图开辟一条沟通秦岭南北水系漕运通道的褒斜道。虽历经四年开凿,但“道果便近,而水湍石,不可漕”[①]而受阻,不能通航。东汉建武二十四年(48 年),在洛阳城西开凿了阳渠,使山东漕船能由黄河入济水,经阳渠直抵洛阳,这是东汉在漕运事业上取得的最大成就。

魏晋南北朝时期,古代内河水运步入了繁荣的初期。魏国开凿了白沟、平虏渠、泉州渠和利漕渠。西晋时期开凿了扬夏水道,东晋时期开凿了桓公沟,使运河网络不断拓展,初步形成了以汴渠和白沟等为骨干,沟通长江、淮河、黄河、海河四大水系的航道网,为隋代南北大运河的建设奠定了基础。

隋唐时期,古代内河水运进入繁荣时期。南北大运河的凿通进一步巩固了隋朝的政治统一和实现南北经济一体化,也对中国的后世国家统一和经济发展产生了巨大的影响。同时,南北大运河带动了内河漕运的发展,极大地促进了隋、唐、宋三个朝代的农业、商业、航运业及海外贸易的发展,是中国封建社会繁荣发展的重要条件之一,也成为维护隋唐王朝统治的生命线。唐朝的水运的发达,可从唐玄宗在长安广运潭举办的“漕运全国珍货博览会”得到体现。《旧唐书·韦坚传》记载了当时壮观的情景,船樯绵延数里,船上载有通过运河运到长安的全国各地特产,并有歌舞相伴,盛况空前,长安万人空巷,上至唐玄宗,下至平民,都来目睹这一盛世之景。

两宋时期,朝廷极为重视对汴河、惠民河、广济河、金水河及江淮运河、河北运河、江南运河等主要河道的治理,把江浙、两淮、荆湘等南方地区与河北、汴京、京西及京畿一带等北方地区连接起来,漕运的畅通使内河水运达到高度繁荣,为宋朝成为中国封建社会经济最繁荣的朝代提供了便利运输条件。宋代生产力发展水平的提高,促进了商品经济的发展,内河货物运输十分繁忙,满载着南方的粮食、茶叶、食盐、瓷器、丝绸、纸张、铜铁器皿的货船齐聚于汴河,舟船如

---

① 《史记·河渠书》。

织，往来日夜不停。北宋画家张择端的《清明上河图》，形象且真实地描绘了当时汴河繁忙的运输景象。宋代大量出口瓷器，据《萍洲可谈》记载"船舶深阔各数十丈，商人分占贮货，人得数尺许，下以贮物，夜卧其上。货多陶器，大小相套，无少隙地。"陶瓷运输已形成江海联运系统。《梦粱录》记载："江商海贾，穹桅巨舶，安行于烟涛渺莽之中。四方百货，不趾而集。"

元代内河水运取得了一定成就，最大的创造是开通了北京至杭州的京杭大运河。元大都"去江南极远，而百司庶府之繁，卫士编民之众，无不仰于江南"。[①] 元朝统治者必须整治隋唐时期的大运河，进行裁弯取直，将原来以洛阳为中心的隋代东西向的大运河，修筑成以大都为中心，南下直达杭州的京杭大运河，以便能更便捷地从南方运送粮食等物资解决大都所需。元代建设者先后开凿了会通—济州河和通惠河，至元三十年（1293 年），北起通州、南至杭州的京杭大运河全线贯通。京杭大运河的贯通是继隋朝大运河之后中国古代创造的又一项伟大的运河工程，也是世界运河建设史上的一项创举。京杭运河通航后，"江淮、湖广、四川、海外诸番土贡粮运、商旅懋迁，毕达京师"[②]。京杭运河北京终点积水潭码头"舳舻相接"，江南的货物随粮船运至此交易，积水潭附近"百货云集，喧嚣终日"。除京杭运河外，元朝其他地方水运也十分繁荣。意大利商人、旅行家马可·波罗在元朝做官时，曾经游历了四川、云南、湖北、江西、安徽、江苏、浙江等地，感受了当时各地的水运盛况，赞不绝口。

明代对内河水运的利用比元代更为广泛。明代南粮北运，初以海运为主，永乐初年改为海、河兼运，京杭大运河畅通后则以河运为主，并一直延续至明末。元代开通会通河后，京杭大运河全线贯通，然而由于黄河水患及缺乏日常的维护和建设，时常淤塞，漕运困难。明洪武二十四年（1391 年），黄河在原武（今河南原阳西北）决口，洪水挟泥沙北上，会通河三分之一的河段被毁，大运河中断，从运河漕粮北上阻断。永乐九年，济宁知府同知潘叔正说："会通河道四百五十余里，其淤塞者三之一，浚而通之，非惟山东之民免转运之劳，实国家无穷之利也"，说明运河虽然淤塞严重，但其开通对国家有无穷的利益。明成祖朱棣鉴于海运安全没有保障，为解决迁都后的北京粮食问题，遂下令重新开浚会通河，此后这一纵贯南北交通的大动脉才畅行无阻。迁都北京之前，明成祖朱

① 危素：《元海运志》。

② 《元朝名臣事略》卷二《丞相淮安忠武王》。

隶修筑长城，建造北京宫殿城墙，建设所需的石材、砖瓦、木材多产于直隶、山东、江浙、湖广、四川等地，这些材料皆通过京杭运河运输到北京。明朝中期以后，随着京杭运河及长江各支流、灵渠运河的开浚，以及资本主义萌芽的产生，带动了商品经济发展，内河货物运输较宋元两代更加繁荣。运输的大宗货物以粮食、食盐、纺织品为主，还有茶叶、瓷器、木材和土特产品以及军需品等，几乎中国所有产品都通过运河来运输。据统计，在明代京杭大运河航运鼎盛时期，大约有 12 200 艘船只用于运输漕粮，还有 2 200 艘船用于从南方向北京运输各种各样的商品。京杭运河运输的繁荣，带动了沿河城市的兴起，山东的德州、临清、济宁，江苏的淮安、扬州等都一度成为繁华之商埠。

到了清代，受明清的海禁及迁海政策的影响，我国航海事业趋于低潮时期，发展滞后于西方，但内河水运仍在持续发展。清政府对内河水运建设不可谓不勤，但属于维护抢险修复者居多，而属于积极建设新渠道者甚少，只有靳辅开中运河具有开创意义。

纵观明清时期，在河渠的开辟及治理上，虽两朝皆相当尽力，但与隋唐、宋及元时期相比较情形大不相同，开创较少，以守成为主。清代定都北京，经济上仍是仰赖江南。南北京杭运河漕运，一如元明时期，货运依旧繁忙，依然是清王朝命脉所系的生命线。

二、我国古代运河工程具有代表性的技术成就

在我国几千年水利与河运发展的历史中，历代劳动人民凭借聪明智慧和勤劳勇敢，与大自然进行了艰苦卓绝的斗争，在河流治理尤其是人工运河建设上取得了非凡的技术成就，创建了众多的运河工程奇迹，实现了我国古代内河水运在利用自然和改造自然过程中的飞跃，开创了内河水运的辉煌历史，也成为中国古代社会文明进步的一个重要标志。

古代生产力的发展为运河的发展和技术进步提供了条件，运河的发展也推动了河运的兴旺和社会的进步。就运河工程技术发展来说，也有一个逐渐进步和演变的过程，为我国水利与河运发展史开辟了一个与灌溉及防洪同样重要而且规模更大、更为艰巨的领域，对社会的文明进步产生更为深远的影响。

我国初期的人工运河始于春秋战国，先后有江淮之间的邗沟、黄淮之间的鸿沟。这些运河开凿在平原水网密布的地区，以人工开槽挖渠，沟通湖泊、河流为主，技术相对简单，与大禹治水采用的疏导为主的治水方法颇为类似。到了

秦代,为沟通长江与珠江水系而开凿的越岭运河——灵渠,从工程的整体布局以及施工技术方面,都有了巨大的进步,而且以其巧妙的设计和高超的施工技术而著称于世。秦汉以后,鸿沟演变为汴渠的重要组成部分,江南也开凿了一批人工运河,初步形成了江南运河的轮廓。隋代在此基础上加以系统整修和扩建,建成了隋朝南北大运河。唐宋时期对南北大运河体系进行了进一步维护和完善,船闸及多级船闸技术出现解决了水位落差大的问题,澳闸有效缓解了船闸水源不足的问题,采用束水攻沙技术解决了严重的河道泥沙淤积问题。这些工程技术不但确保了运河的畅通,而且对后世运河工程技术影响巨大,并沿用至今。我国历代人工运河的不断兴建和发展,特别像秦朝的灵渠、隋朝南北大运河和元代的京杭大运河等跨流域的运河工程,在当代都算得上是超级工程。这些超级工程为我国的运河建设和运营提供了勘测、设计、施工和运营管理的一系列重要经验,取得了巨大的工程成就和重要的科学文化价值,并惠及后世。这些技术成就和科学文化价值主要体现在以下方面。

(一)工程整体规划的系统性和完善性

都江堰、灵渠、京杭大运河南旺分水枢纽等是我国古代非常具有代表性的水利及运河工程,虽然这些工程的建设规模大小不一,但工程的各个设施都能实现完美的协调配合,并发挥各自的功能作用,达到了总体效果最优的目的,充分体现了建设工程的系统性和协调性;同时这些工程的系统性和协调性充分体现了中国传统的学术思想,即着重于研究整体性和自发性。现就体现古代水利及运河工程系统性和协调性的杰出代表——都江堰、京杭大运河南旺分水枢纽分述如下。

1. 都江堰工程

都江堰是集灌溉、防洪、航运于一体的水利工程,以鱼嘴分水工程、飞沙堰溢洪排沙工程、宝瓶口引水工程完美结合而著称于世。它的分水、排沙和引水三大工程因势利导,无论是功能布局还是结构形式,都是巧夺天工,浑然一体,形成了布局合理的系统工程,巧妙地利用水利学原理解决了分水、引水、排洪、水量调节等关键技术问题。都江堰工程巧妙的设施布局和工程技术的采用都蕴含了系统规划的理念,都江堰工程各个设施布局见图3-1。

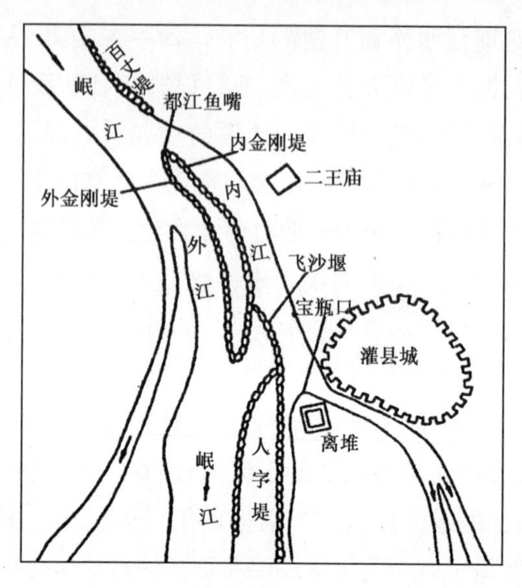

图 3-1　都江堰工程各个设施布局示意图(摘自《中国科学技术史(交通卷)》)

都江堰工程为后人留下了筑堰治河、引水排沙、维修管理的技术,成为我国乃至世界治水文化一颗经久不衰的璀璨明珠。都江堰虽经历了两千多年的社会演变、经济发展、自然条件的变化等严峻历史考验,但至今仍在发挥它的作用,可以与中外任何现代水利工程相媲美。

2. 京杭大运河南旺分水枢纽工程

会通河位于鲁中南的低山丘陵(海拔 500 米)与鲁西平原(海拔 70 米)的西北走向断裂凹陷地带。从京杭大运河全线来说,会通河正处在地势最高的河段,其中南旺地段是该河段的最高点,史称"南旺水脊"。元代修筑了济宁会源闸分水枢纽,集泗水、府水、汶河、洸河及沿途泉水于会源闸分流南北济运,即"四水济运"。由于元代的建设者对会通河地形地貌了解和认识不够,以及受测量水平的限制,对会通河"水脊"的最高点定位出现了偏差,会源闸比南旺低 4~5 米,北分水量虽可越过南旺枢纽,但流量甚微无济于事。因而,元代京杭大运河时开时停,运营十分艰难。明洪武二十四年(1391 年)黄河决口于河南黑羊山,水漫安山湖,会通河完全淤塞。

明成祖朱棣定都北京后,基于政治、经济发展和营建北京城的需要,急需恢复京杭大运河南北漕运。明永乐九年(1411 年),明成祖诏令宋礼主持疏浚会通河。最初,修浚工程仍用元朝旧制,主要修治罡城坝,恢复济宁会源分水枢纽,浚深全线河道,并在元朝时的旧闸的遗存上重建新闸,使会通河达到可通航状态。由于修浚完成的会通河济宁段的引水方法和分水地点与元代相同，南旺河北段仍水量不足，导致漕运仍不畅。之后，宋礼听闻当地有一位善于治水的老人——白英，遂前去求教治水之道。白英老人道破了会通河河浅、水源不足的原因是南旺地势比济宁高，元代引汶济运的分水设于济宁会源闸不当，应将阻汶水引至南旺后，才能使之南北分流。宋礼采纳了白英老人的建议，仍在罡城筑坝，使汶水恢复旧道，在汶水下游坎河口又筑起戴村坝，阻汶水转向西南流，至南旺入河济运。同时在戴村东留坎河口筑沙坝，平时拦全部汶水入运，当遇到洪水时，堤破泄洪入大清河入海。于戴村建闸，冬春开闸放水济运，夏秋闭闸泄水入海。在南旺汶运交汇口，筑石驳岸，以挡汶水冲击。这些工程实施后，南旺引水渠首基本建成，这种工程布局规划可以把引水济运、防洪、排除泥沙三个问题一并解决。此后庶民田无淹没之患，运河收利济之功。南旺分水枢纽布置示意图见图3-2。

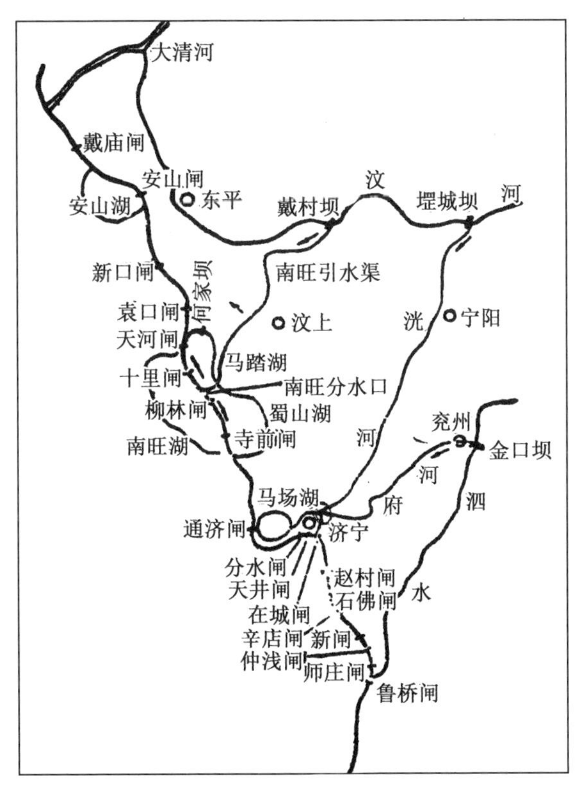

图3-2　南旺分水枢纽布置示意图(摘自《中国科学技术史(交通卷)》)

为进一步保证水量供给，在南旺枢纽上下游建南旺湖、蜀山湖、马踏湖，进行蓄水调节丰枯水量及沉淀泥沙，“又于汶上、东平、济宁、沛县近湖地段设置水柜、陡门。在运河以西者曰水柜，以东者曰陡门。柜以蓄泉，门以泄涨。”[①]又集汶泗流域上游山泉300多眼，增加运河水量，特别是增加了枯水期的水量。为控制分水口的水量，明成化年间，在汶运交汇口南北修建了柳林闸和十里闸，以定时启闭闸门，控制南北分水量和漕船走向。

经过70余年的历程，以南旺分水枢纽为核心，围绕引水、分水、蓄水、排水四个重要环节，因势造物，相继兴建了疏河济运、挖泉集流、设柜蓄水、建湖泄涨、防河保运及建闸节流等一系列结构缜密的配套工程，将河道、闸坝、泉源、湖泊组合成的一项水工技术高水平的完整的运河系统工程，成功地解决了会通河水源的难题，从而有效保证了大运河连续500余年畅通无阻。

南旺分水枢纽工程是庞大而完整的系统工程，凝聚了数代中国人民的智慧和力量，代表了17世纪工业革命前土木工程和水工技术的最高成就，体现出我国古代劳动人民惊人的智慧和伟大的创造力及工程规划布局的系统性、全局观。南旺分水枢纽工程是大运河卓越工程价值和高超工程技术的杰出代表，还是我国符号性文化遗产的代表，更是大运河申遗具有标志性的重要节点。

（二）船闸技术水平领先世界

在人工运河工程中，由于自然地势高低不一，经常遇到从低处向高处或从高处向低处航行的问题。为解决这一问题，古代人们经过不断探索，由低级到高级，从筑埭到堰闸，再到斗门，进一步演进成通航船闸、澳闸，最后建成梯级船闸，不断取得技术进步，使得我国古代船闸技术水平一直处于世界领先地位。

1. 筑埭蓄水通航

古代最初解决有水位差通航方法是筑埭蓄水通航。古代文献记载最早的埭，是三国时期东吴破岗渎的长岗埭、破岗埭、方山埭等[②]。在渠道坡度较陡的地段，用埭分成若干个梯级，以蓄水、调节比降和抬高水位保证通航。船舶过埭时通常是把船中货物卸空，用人力或畜力将船拖上埭顶，然后再滑放于上游或下游河段，再将货物重新装入船中。这种比较原始的过船设施，在斗门、船闸出

---

① （清）张廷玉等：《明史·河渠志》。

② （宋）李昉等：《太平御览》卷73《堰埭》。

现以前,一直是运河渠化通航中广泛采用的水工建筑物。

2. 堰闸、堰坝

堰闸是设置在河流顺岸一侧设有闸门的水工建筑物,通过启闭闸门来控制水量,应用于运河或灌溉渠首。堰闸起源于水门,在《史记·河渠志》中多有水门记载,如东汉贾让献治河之策曰:“今可从淇口以东为石堤,多张水门。”从黄河引水,并以鸿沟水门为例说明其安全性。贾让提到的水门是可以启闭的水闸,这种水闸建在河流顺岸一侧,被称为堰闸。堰闸上装有可以调节和控制水量的闸门板。堰闸与敦煌石窟发现的唐代写本(残本)《水部式》中记载的“泾、渭、白渠及诸大渠用水灌溉之处,皆安斗门。”的斗门极为相似。堰闸和斗门如果建在运河河道上,就可视为通航闸门的雏形。

天然河道多浅滩、礁石,水流湍急而散漫,有碍航行。在这样的天然河段中建陡门,不仅难度大,工程量和费用也高,而且也不符合这一河段的地势条件,因此古人用堰坝这种独特的水工建筑物形式,使河流通航。堰闸是顺岸有闸门的水工建筑,而坝是拦断河道无闸的壅水工程,在河道上既要壅水提高水深,又要设置闸门保证船舶通航,我国古人将两种水工建筑特点结合在一起,实现了壅水和通航的目的,于是将堰、坝合名称之为堰坝。位于浙江丽水的通济堰坝如图3-3所示。

图3-3　丽水通济堰坝图

堰坝是用大木制成的长方形框架,框架两侧用长木桩密排深钉固定于河床上,内堆砌卵石、块石,构成石笼结构,顶面可溢流,其较深处留出一道堰门,为通航口门。堰门用松木为门框，门宽 4～5 米，平时以松木叠梁逐根放在堰口将堰门封闭。过船时，逐一移开叠梁，开启堰门，操作笨重且费力。丰水季节则不闭堰门，船只可随时往来，这种堰坝是早期出现的通航闸门。灵渠的南渠天然河段有 32 处堰坝。

3. 船闸的雏形——斗门

据历史文献记载，最早的运河斗门是淮扬运河南端的瓜州扬子斗门。唐朝开元十八年(730 年)，宣州刺史裴耀卿入京师，唐玄宗询问漕运之事，耀卿奏曰："江南户口多，而无征防之役。然送租、庸、调物，以岁二月至扬州入陡门，四月已后，始渡淮入汴……而漕路多梗，船樯阻隘。"[①]唐朝开元年间的《水部式》记载："扬州扬子津斗门二所，宜于所管三府兵及轻疾内量差，分番守当，随须开闭。"[②]开元二十六年(738 年)，润州刺史齐浣在瓜州开伊娄河二十五里，在通江口门处建伊娄埭，同时在埭旁设一斗门。伊娄埭建成后，解决了南北漕运中的大问题，诗人李白有诗赞道："齐公凿新河，万古流不绝。……海水落斗门，湖平见沙汭。"[③]这些文献记载说明，唐开元年间斗门已在大运河的扬州段出现。这些斗门的作用是接纳江潮(也称"潮闸")，开斗门引船入埭，潮退时关斗门以防河水走泄，平水位时，斗门大开舟船通行。唐宪宗元和(806——820)以后，在运河上建设斗门已相当普遍，尤以灵渠上所建斗门最多。《新唐书·地理志六》对灵渠陡门也有详细记载，反映了唐朝后期的斗门设施已有很大的改进。温州温瑞塘河南宋陡门遗迹如图 3-4 所示。

斗门作为一种节制运河通航水量的水工建筑物，与现代通航船闸的原理和作用类似，是现代船闸的雏形。唐代开元年间运河斗门的出现，比 12 世纪荷兰出现的单门船闸早 400 多年，比意大利 1481 年出现的船闸早 700 多年。

由于斗门是单门控制的闸门(又称"单闸"或"船闸")，即一种简单的初期通航闸门，不能实现水位的平稳过渡，对舟船通行安全有影响。当闸门一打开，因水位差而产生急流，使船只上行如负重爬梯，下行似离弦之箭，船舶不易操作，稍有不慎，可能出现船毁人亡的事故。随着历史进程和科学技术的发展，斗门功能也在不断强化。

---

① 《新唐书·食货志》卷五十三。

② (唐)《水部式》，唐耕耦等：《敦煌社会经济文献真迹释录》第二辑《唐开元二十五年(737 年)水部式 残卷》。

③ (唐)李白：《题瓜州新河饯族叔舍人贲》，《李太白文集》卷二十五，中华书局。

图 3-4　温州温瑞塘河南宋陡门遗迹图

4. 世界上最早的船闸——复闸

当历史的车轮到了宋代,中国古代封建社会的经济、文化、教育进入最繁荣的时期,达到了封建社会的巅峰。经济繁荣促进了水运及运河事业的大发展,南北水运商品货物量大增,在这个局面下,斗门这种单门闸已不适应运输要求,宋代劳动人民在唐代单闸的基础上,在长江两岸的运河口上建立了新的通航设施——复闸,对船闸技术进行进一步发展和完善,逐步取代了堰埭。

宋雍熙元年(984 年),时任淮南转运使乔维岳,见运舟过淮扬运河建安北至淮澨段五个堰坝,“运舟所至,十经上下,其重载者皆卸粮而过,舟时坏失粮,纲卒缘此为奸,潜有侵盗”。于是,“维岳始命创二斗门于西河第三堰,二门相距逾五十步,覆以厦屋,设县门积水,俟潮平乃泄之。建横桥岸上,筑土累石,以牢其址。自是弊尽革,而运舟往来无滞矣。”[①]这是有文献记载的完整的船闸的史录,不仅记载了我国真正历史意义上船闸出现的大体时间,也简要地说明了建船闸的原因及效果。这座船闸有上、下两个闸门,两闸之间的闸室长五十步(约 76 米)。闸门是可升降的平板悬门闸,当闸室水位与上、下游水位齐平时,便分别开启上闸门或下闸门平水过船。闸室两岸筑土累石加固基础,在闸上建桥连接两岸,便于对船闸的管理和维修。从结构和运行机理看,这座船闸与现代船闸基本相似。

---

① (元)脱脱、阿鲁图等:《宋史・卷三百七,列传第六十六》。

乔维岳命令修建的这座船闸就是淮扬运河口历史上著名的西河闸,有人认为这是我国最早的船闸,但从现有文献记载看,实际上是对唐代船闸的发展和完善,其结构和工作原理与唐代淮扬运河的瓜州斗门、江南运河的京口塘船闸基本相似。前面提到的李白《题瓜州新河饯族叔舍人贲》诗中写道:"两桥对双阁,芳树有行列……海水落斗门,潮平见沙汭。"①,与文献中对西河闸的描述也十分相似。

复闸代替了堰埭,进一步完善了斗门,既克服了地形对运河的限制,调节了水位差,减少了水量的消耗,保证了舟船过闸的安全性,又减免了舟船过埭的装卸盘驳牵挽之劳,大大提高了漕运能力。因此,从西河闸开始,北宋时复闸建设很快便普及各地。北宋天圣四年(1026年),由侍卫陶鉴寅主持修建淮扬运河南端的真州闸;天圣七年(1029年)建邵伯闸。这三处复闸都是在原来堰埭旁开引河修建的船闸,机理和运行方式近似于现代大坝旁建船闸的布局。北宋元符二年(1099年),京口闸改建为船闸,随后瓜州、奔牛等也改堰为复闸。北宋重和元年(1118年),自杭州至泗水1 000多公里的运河上,共建闸79座,全部以闸代堰了②,运河已成为用闸节制的河流。北宋时期京口闸布置如图3-5所示。

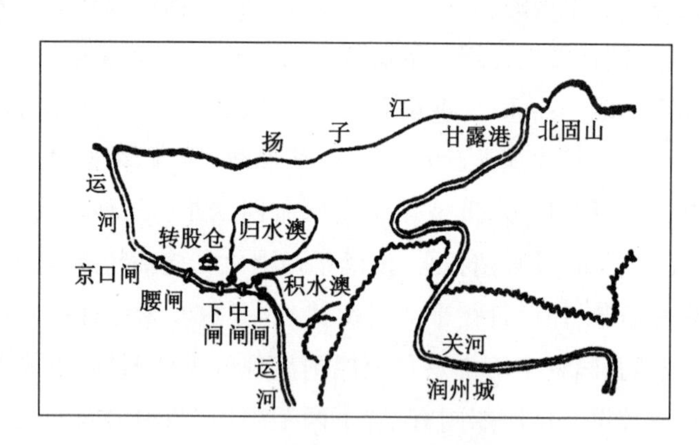

图3-5 北宋时期京口闸布置图

5. 梯级船闸

在坡度较陡或落差较大的河段上,单个船闸能解决的水位差有限,需要多

① (唐)李白:《题瓜州新河饯族叔舍人贲》,《李太白文集》卷二十五,中华书局。

② (元)脱脱、阿鲁图等:《宋史·河渠志》。

个船闸并用,多次调节水位差,才能解决舟船顺利通航问题。为解决这一问题,多级船闸出现了,标志着船闸技术又得到进一步发展,在世界船闸工程上是一项变革性的创举。

梯级船闸由相距不远的多个闸门组成多级闸室,构成了一座多级船闸的形式,有效地平衡了由于地形形成的航道水位差。在最早的文献记载中具有梯级船闸雏形的工程是在灵渠上。唐朝宝历初年,观察使李渤设立陡门十八以通漕[①]。宋朝嘉祐四年(1059年),刑狱都水监李师中将陡门增至三十六座。灵渠各相邻两陡间的距离不尽相同,最远者在2公里以上,最近者仅150米左右。两个近距离的陡构成了一座单级船闸,有时在很短的一段河道中,设有三四个陡,如太平陡、铁炉陡、三里陡、印陡,它们的距离都在150~200米,相当于一座多级船闸。可见,唐代多级船闸已经取得了很高的技术成就。

北宋时期,多级船闸也得到发展。南宋人对真州闸的记述说:"门之广,高丈有八尺,复为腰闸,相望一百九十五丈,规模高广,大略如之。"[②]腰闸在首位两闸之间,据此真州闸由三闸而形成内闸室和外闸室两个闸室,构成二级船闸,两闸全长约610米。京口闸、长安闸、邵伯闸都是三闸两室的二级船闸,其中长安闸是:"自下闸九十余步至中闸,又八十余步至上闸。"[③]两个闸室分别长约140米和130米。关于长安闸设施和运行机制,日本僧人成寻在熙宁五年(1072年)8月25日乘船过长安闸,船闸的运行有生动的记述:"申时,开水门两处出船,船出了,关木曳塞了。又开第三水门关木出船,次黑暗水下五尺许,开门之后,上河落,水面平,即出船也。"[④]长安闸是两个船闸并用,既可节省水量,又能适用坡陡落差大的河段行船。

6. 澳闸

复闸的创造和运用较堰埭具有很多的优点,但每次过船时,都需要消耗一定的水量,尤其是开启频繁的船闸,需要大量的水源进行补充。对水量丰沛的运河或处在丰水期的运河,用水量补充能够得到保证,但对缺水运河或处在枯水期的运河,水量的补充供应是个很大的问题。在古代没有多年或年调节水量的枢纽或水库保证稳定供水,以及没有现代供水动力与设备的情况下,保障船

---

① (元)脱脱、阿鲁图等:《宋史·河渠志》

② (宋)张伯垓:《重建真州水闸记》。

③ (宋)《宋元方志丛刊·咸淳临安志》卷三十九,中华书局。

④ (日本)成寻:《参天台五台山记》卷三。

闸用水消耗更显得十分困难。北宋中期,创造出了澳闸,有效地解决了这个问题,使船闸技术改进和创新又向前迈进了一大步。

澳闸是在船闸旁建有补水和节水的人工水塘(又称“水澳”),由于古代称水塘为澳,所以这类船闸称“澳闸”。澳有两种,一种是积水澳,处在船闸上游,水位不低于闸室高水位,其作用是补充过闸的耗水;另一种归水澳,处在船闸下游,水位不高于闸室水位,其作用是回收闸室下泄的水量,使水量不流失到下游。归水澳中的水,可根据需要提升至积水澳中使用,也可直接提升至闸室。澳闸使用时,当遇运河来水不足时,将积水澳的水放到闸室,舟船过闸,再将闸室放出的水量储入归水澳,归水澳的水再用水车提升至积水澳或闸室,这样就实现了水的循环利用。澳闸最早见于北宋天圣年间,是真州闸的创造①。由于澳闸能有效地节省用水,解决水源问题,水澳修建容易,优势明显,工程得到较高评价,并很快推广。宋元符年间,先后将最重要的吕城闸、京口闸和奔牛闸改为澳闸②。京口闸布置及澳闸工作原理如图 3-6 所示。

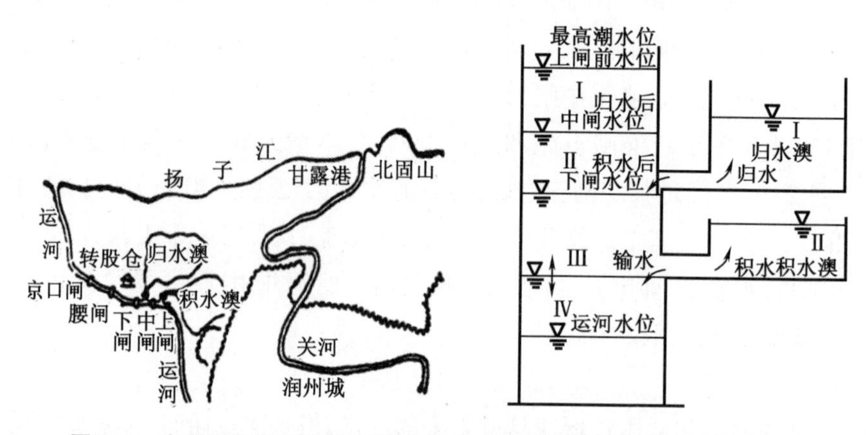

图 3-6　京口闸布置及澳闸工作原理(摘自《中国科学技术史(水利卷)》)

正是船闸、水澳、渠道在设计布置和功用上的巧妙,与闸门启闭的配合,才实现了澳闸工程引水、蓄水、节水和输水的功能,形成了澳闸的运行机制:“为渠谋者虑斗门之开而水走下也,则为积水、归水之澳,以辅乎渠。积水在东,归水在北,皆有闸焉。渠满则闭,耗则启,以有余,补不足。是故渠常通流,而无浅淤

① (宋)胡宿:《真州水闸记》。

② (元)脱脱、阿鲁图等:《宋史·河渠志》。

之患。”①

澳闸的创建和运用是运河船闸工程技术的重要进步，但技术进步需要相应的管理规章制度和管理方式的保障。北宋时期的真州、京口和长安等闸建成之初，在船闸管理方面设有专职官员及严密的规章制度，对主管官吏的赏罚十分严明②。在两浙转运司置专官提举淮浙澳闸，闸门的启闭实行准军事化管理，有闸兵专门负责闸门的启闭和车水，如在北宋时期京口闸就配有130人。

闸、坝、水澳是很普通的水利工程建筑物，但是通过我国古代劳动人民采用巧妙的工程规划、水澳与闸门的联合运用和河水的节制与调蓄，创造了独特的建筑物组合——澳闸。从不同视角看，澳闸所到达的技术成就主要体现在：一是从通航工程技术角度看，三国时期淮扬运河上的堰埭和灵渠的陡门、堰坝等工程已经具备了船闸的工作原理。澳闸以其完善的工程设施，具有保障程度较高的供水和输水设施奠定了在世界船闸发展中的重要地位；二是从水运工程技术视角看，澳闸枢纽规划设计和工程管理强调了工程效益的综合性，各个设施的联合运用和严格管理，使澳闸达到了引水济运、蓄积河水、水量循环利用的多重目的。澳闸的技术成就是我国水利工程和航运工程技术在13世纪之前领先世界最好的证明。

堰埭、斗门、复闸、梯级船闸、澳闸等船闸的演进过程，充分体现了我国古代船闸技术水平的提升，特别是宋代对船闸技术创新和进步取得了重大的建树。前面记载的宋代真州闸、长安闸、京口闸等历史成果与近现代的船闸相对比，从运行方式的差异和大致的演进过程分析，就会对它们做出非常高的历史评价，进而彰显出中国古代劳动人民在世界水运史上所具有的首创精神。在欧洲，公元1300年荷兰才出现船闸，德国和意大利分别于1325年和1420年才出现船闸，到1497年才出现完备的双门闸。由此可见，我国古代尤其是宋代，船闸技术在世界古代船闸史上是遥遥领先的。

（三）河道治理的“束水攻沙”技术

宋代的汴河航运主要依靠引黄河水济汴，黄河多沙善淤的特点不可避免地带给汴河，使汴河口十月关口，则舟楫不行，一年之中，只能半年通漕。自北宋

---

① 《宋元方志丛刊嘉定镇江志》卷六，中华书局。

② （元）脱脱、阿鲁图等：《宋史·河渠志》。

建都开封以来,漕运不可一日不通。北宋朝廷对保持漕运畅通相当重视,采取了一系列措施,动用了大量人力、物力、财力保障汴河畅通。其中,疏浚工作是维持汴河畅通的一项关键措施,对浚河清淤兴役相当频繁。

对汴河疏浚采用的方法之一是直接进行人工清淤,需耗费大量人力,每年都需疏浚,史载"命河渠司自口浚治,岁以为常"[①],但每遇汴河涨水,很快又告淤浅。北宋大中祥符八年(1015年),太常少卿马元方"请浚汴河中流,阔五丈,深五尺,可省修堤之费",朝廷遣使计度后,认为"泗州西至开封府界,岸阔底平,水势薄,不假开浚",但建议"仍请于沿河作头踏道擗岸,其浅处为锯牙,以束水势,使其浚成河道",认为"自今汴河淤淀,可三五年一浚"[②]。这是有关束水清淤最早的历史记载。"锯牙"束水技术如图3-7所示。

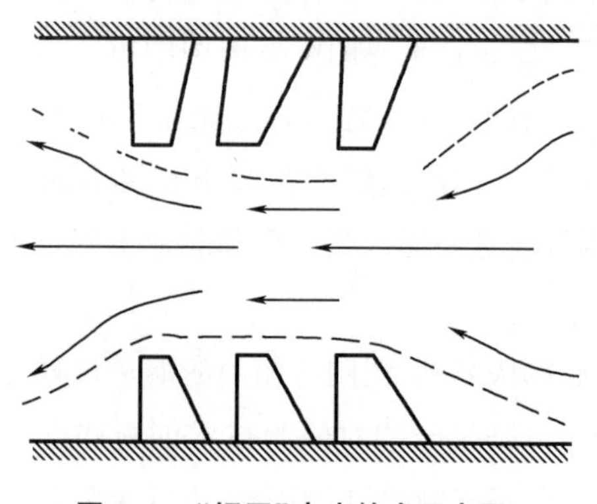

图3-7 "锯牙"束水技术示意图

汴河清淤的另外一项技术措施是采用木岸狭河以束水攻沙,这是北宋疏浚运河,尤其是疏浚汴河中一项创造性的技术。狭河就是采用木桩、木板为岸束狭河身,加大水流速度,使运河利于行舟,同时使泥沙被带走,减慢淤积速度。

宋仁宗嘉祐元年(1058年),宋仁宗诏"三司自京至泗州置狭河木岸,仍以入内供奉官史,昭锡都大提举修汴河木岸事"。[③] 这是北宋时期有记载最早在汴河采取的狭河工程。到嘉祐六年,因汴河浅涩,常阻滞漕运,"惟应天府上至汴口,或岸阔浅漫,宜限以六十步阔,于此则为木岸狭河,扼束水势令深驶"[④]。当

① (元)脱脱、阿鲁图等:《宋史·河渠志》卷九三。

② (元)脱脱、阿鲁图等:《宋史·河渠志》卷九三。

③ 《续资治通鉴长编》卷一百八十四。

④ 同①。

时提出狭河束水方法,曾有人反对,后来木岸狭河成功,“旧曲滩漫流,多稽留覆溺处,悉为驶直平夷,操舟往来便之”[①],取得了较好的成效,“岸成而言者始息”[②]。木岸狭河技术如图 3-8 所示。

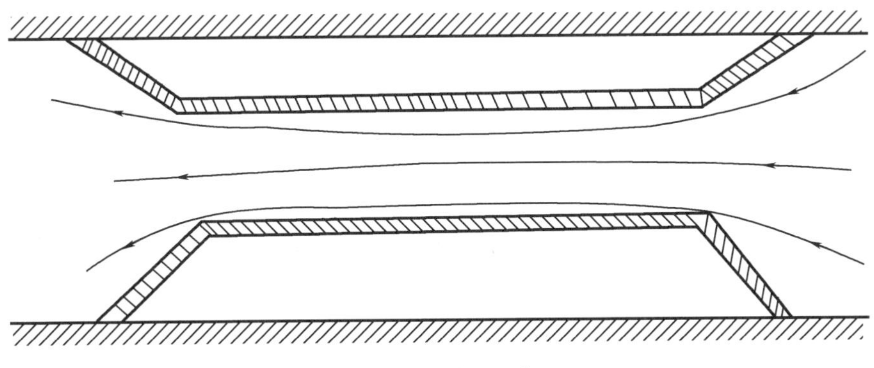

图 3-8 木岸狭河示意图

宋代采用狭河的方法加大了运河的航深并减少了泥沙淤积,取得了一定的经验,特别是对多沙的运河来说,这项技术是值得借鉴和推广的,对后世清淤治沙提供了宝贵的经验。宋代的人对束水攻沙技术的贡献还在于用工程手段来实现这种技术,使这项技术真正转化为可改善运河通航条件的设施,做到了客观实际与工程实践的紧密结合。《宋史·符惟忠传》记载,时任都大管勾汴河使时上书说:“建议以为渠有广狭,若水阔而行缓,则沙伏而不利于舟,请即其广处束以木岸。”[③]由此可见,宋代的人们对束水攻沙的认识已从理论迈向工程实践,并取得了重要的成效,这是我国古代运河技术上的一项重大突破。

明代嘉靖末年以后,曾四次担任河道总理的潘季驯把“筑堤束水,以水攻沙”的“束水攻沙”思想做了进一步的阐述,发展成系统的治河理论,并用以指导治河实践。他说:“筑堤束水,以水攻沙,水不奔溢于两旁,则必直刷乎河底。”束水攻沙是利用水沙关系的自然规律,利用水流本身的力量来刷深河槽,减少淤积,增大河床的容蓄能力,从而达到防洪保运的目的。筑堤“束水攻沙”工程如图 3-9 所示。

---

① (元)脱脱、阿鲁图等:《宋史·符惟忠传》卷四百六十三。

② 同①。

③ 同①。

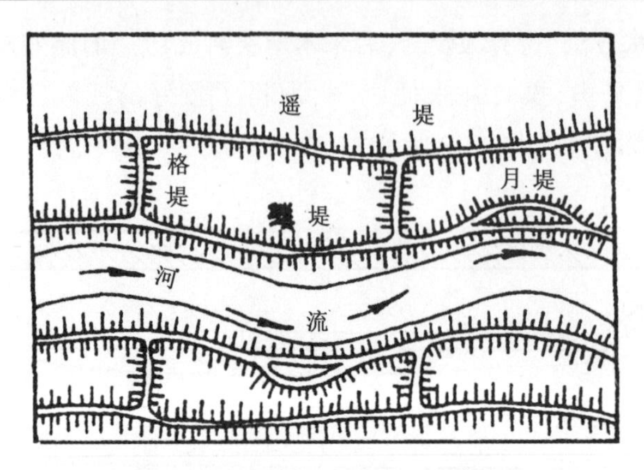

图 3-9　筑堤“束水攻沙”工程示意图

潘季驯的理论和做法，推动了治黄策略从单纯治水到注重治沙、沙水并治的转变，开辟了明、清治河的新途径，“束水攻沙”治水方略也逐渐在治河思想中占主导地位。从实践效果看，在“束水攻沙”思想的指导下，通过可靠的治理措施，使黄河河道相对稳定，河患相对减少。

“束水攻沙”的治河理论和工程技术及其取得的卓著成就，对我国历史上的治河事业做出了重要贡献，是我国古代劳动人民的一项重大创造，值得我们当代工程技术人员学习和研究。

（四）弯道代闸的河道工程技术

在坡度较大的运河河段，水流速快，对舟船航行不利，而受地形及耗费限制，又不能修筑船闸，对此古人采用增加河道弯曲、延长河道长度的方法，降低河床坡度，减缓水流速度，保证行船安全。这种用增加河道弯曲、延长河道长度，与修建船闸达到同样工程效果的技术被称为“弯道代闸”技术。弯道代闸技术是我国古代运河工程中的杰出创造，体现了古代人民在运河规划方面的智慧。在灵渠（后面详述）和京杭运河的很多河段都采用了这项工程技术。

京杭运河德州至临清段，河道比降较大，河道蜿蜒曲折。李钧所著的《转漕日记》中记载：“过郑家口后，河流曲折，大率皆对头湾。苏家楼村中旧有一楼，舟行三次见之，故有‘三望苏家楼’之谚”。这些弯曲的河道就是人工开挖而成，用以延长河道距离，降低河床坡度，实现曲以代闸，使水流舒缓，利于行舟，故有“三湾抵一闸”之说。南运河德州段弯道代闸河道如图 3-10 所示。

图 3–10　南运河德州段河道图

南运河(天津静海—山东临清)沧州—衡水—德州段北起沧州连镇谢家坝，南至德州四女寺水利枢纽，河道蜿蜒曲折，形成“九曲十八弯”的走势，使直线距离只有 60 公里的河道，延长至 95 公里，成为运河“弯道待闸”技术的典型代表。正是这段运河具有典型“弯道代闸”技术核心价值，其作为中国大运河保护与申遗的典型河道段落，参加申遗成功。

采用人工技术将运河做弯，体现了我国古代劳动人民在运河工程规划方面的科学性，除了能达到减小河道纵向比降和降低水流流速的目的外，还能减轻河床泥沙淤积。“今多用弯曲，使之左撞右激，自生波澜，鼓动其水而不使之稍宁，则沙亦带之而去，无复停顿”[①]，这样不但能使水流平缓，减少了建设闸坝的耗费，而且可以利用水流扰动来减轻泥沙淤积，达到航道畅通，具有很强的科学性。

① (清)万承绍:《清平县志》(卷上)。

三、我国古代运河发挥的重要作用

我国古代交通，无论是货物运输还是传递书信公文，都实现了陆行用车，借人力和畜力，水行用舟，借风帆和橹棹。北方河流湖泊少，河网密度低，平原广阔，以陆运为主；南方河川纵横，湖泊众多，河网密度高，以水运为主，民间有着“北方人乘马，南方人乘舟”之说，足以说明我国古代南北交通的特点。在多数情况下，水运的经济性较陆运高。因此，我国古代历朝历代建都于长安、洛阳、开封、北京时，都会开凿运河，以水路沟通都城与江浙两淮地区，江南的粮食及物资通过水路供给都城。内河水路交通特别是运河交通在国家政治经济上的重要性，比起陆路交通有过之而无不及。内河水运在维护国家统一、促进经济发展、加强文化交流、保障军事运输、实现民族融合、扩大对外关系等方面都发挥了重要作用。

（一）古代运河是国家开疆拓土，实现及维护国家统一的运输保障线

在春秋战国、秦汉及魏晋时期，开凿的运河多以军事目的为主，便于军事运输和后勤补给，为征伐、称霸、开疆拓土及一统华夏提供军事运输保障。春秋时期，楚庄王北进中原，与当时的强国晋国争霸，需要从长江边的郢都调遣军队、运送粮食和作战物资到汉江边的扬口（襄阳）一带，于是命楚相公孙敖在郢都与扬口之间开辟一条连接长江与汉水的人工运河——江汉运河。吴王阖闾命令伍子胥凿胥渎，连接太湖与长江，以通军运，攻打楚国。吴王夫差凿邗沟、荷水，便于吴国向北运输军队和粮食，以伐齐国、晋国。魏惠王为了进攻宋、卫、韩、赵等国家向东扩张，进而控制中原、迁都大梁，次年为沟通黄河和淮河，下令开凿鸿沟。秦军征岭南，由于缺乏后勤补给而受挫，秦始皇命史禄开凿灵渠，使秦军后勤无虞，进而一统岭南。

东汉末年，曹操为攻取邺城，开凿白沟运河，建立了向南沟通黄河，往北沟通海河的水运系统，用于运输粮草和军需物资。曹操攻克邺城后，继续远征乌桓，为粮草和其他军用物资的运输补给，开凿了平虏渠、泉州渠、新河等运河。曹操被封魏王并选择邺城作为王都后，又下令开凿一条西起漳水、东至白沟的运河——利漕渠，从而使白沟、漳水、黄河故道、滹沱河、清河、平虏渠、泉州渠—潞水都连成一体的水运网络，构建了北方运河系统。白沟和利漕渠为后来隋代南北大运河中永济渠的开凿以及后来的御河、卫河—临清—京杭运河奠定了

基础。

公元587年，隋文帝杨坚为攻打统治江南的陈国，命令秘密开挖山阳渎，恢复古邗沟，从淮河直下长江，为隋朝军队提供运送粮草和军用物资的通道。在山阳渎开通后的第二年（588年）十月，杨坚即利用这段运河，以晋王杨广为统帅，派遣51.8万军队向陈国发起进攻。公元589年，隋军渡过长江，攻占建康（今南京），俘获陈后主，陈国灭亡，从而结束了魏晋以来长达400年国家长期分裂的局面，使南北方重新归于国家统一。统一中国后，隋朝最高的统治者首先面对的是北方政治军事中心与南方经济重心分离的局面，而在各种条件的限制下，其政治中心不能伴随经济中心的发展变化而南移，国家需要加强对南方的管理，政治中心需要依靠江淮地区的物产供养。与此同时，隋虽灭陈实现了全国统一，但自魏晋南北朝以来形成的门阀世族力量依然很强大，并企图与中央政权抗衡，时而聚众叛乱，清朝政权面临严重威胁。隋朝统治者要加强对南方的有效统治，为便于军事运输，开凿大运河势在必行。另外，隋朝建立之初，北部边境的突厥、吐谷浑和高丽等就与之对峙，分别控制着西北和东北的广大地区。由于边患严重，隋朝不得不屯兵数万以防边患。这些军队的物资仅靠驻地或北方地区供给是难以满足需要的，必须依靠江淮或江南粮饷供给，而陆路遥远、馈运艰难，运输难以保障。因此，开凿大运河从而连接大江南北，开展便捷低廉的水路运输是解决问题的关键。从上述国家形势可以看出，隋朝的最高统治者从政治、军事上考虑，以维护中央政权的有效统治和巩固政权，凿通连接大江南北的大运河，作为隋王朝的政治、军事、经济命脉，是非常具有战略眼光的。

隋朝以后，唐宋元明清等中国古代各封建王朝的政治中心一直都在北方，但统治者无不重视运河的作用，他们先后采取许多措施，加强运河的政治、军事控制，保证运河通道的畅通。

综上所述，从历史上看，自秦汉以来，凡是强大的封建王朝，实现大一统后，出于政治、经济、军事需要，都重视运河的开凿和开发，由此构建漕运体系，加强大江南北的联系，以巩固和强化王朝的统治、疆域的控制和国家的统一。秦汉、隋唐、元明清统一疆域的拓展与运河开凿、维护及水运发展密切相关，特别是大运河的开通，将统一王朝的政治军事重心与经济中心紧密联系在一起，有力支撑了长安、开封、北京作为都城的中心地位，也为向北、向西发展和开疆拓土创造了条件。另外，由于运河所在区域在全国范围内处于政治、军事、经济、文化等方面的重心位置，因而成为历代封建王朝必须控制的最重要的政治区域。历代统治者都需要凭借运河区域的优越地理位置和经济条件来统御全国。同样,运河区域也是历代王朝武力争夺和战争频繁之地。从某种意义上讲,谁拥有了运河及区域,谁就能建立起稳固的政治统治,从而一统中国。

(二)古代运河是经济贸易交流的运输大动脉

运河不但对国家领土扩张、政权巩固和国家统一在政治、军事上起着重要作用,而且对促进经济发展、加强区域间经济联系发挥着经济贸易交流大动脉的作用。

春秋时期吴国开凿的邗沟、荷水与战国时期魏国开凿的鸿沟组成的运河系统,将钱塘江、太湖、长江、淮河、黄河水系联系在一起,可连通卫、宋、齐、鲁,还可以利用黄河北通赵、燕,西连韩、秦等诸侯国。在鸿沟运河系统形成前,黄河中下游和淮河流域,已经形成一些城市,如东周都城洛邑、魏国国都大梁、韩国都城阳翟、卫国都城帝丘等,但这些都是政治性城市,具有商业功能的城市较少,只有宋国的定陶(今山东定陶西北),因地处荷水、济水交汇点,交通便利,才发展成为“天下之会”的商业中心。鸿沟运河系统形成后,成为古代中原地区与江南、关东、关中地区之间公私商旅往来的重要水运通道,带动了黄、淮地区漕运的繁荣和经济社会的发展及商品的交流,在我国古代南北经济交流上起过重大的促进作用。据《水经·河水注》引《竹书纪年》记载,魏襄王七年(前312年),越国曾向卫国赠送300只船,载运500万支箭及犀角、象齿等贵重礼品,就是由长江入淮河、溯淮西上循鸿沟水系运到魏都大梁的。鸿沟运河的不断完善,使交通运输越来越便利,水系地区各国都邑与关中、齐鲁、燕赵和江淮舟楫相通,商业迅速繁荣起来。司马迁称之为“楚夏之交,通渔盐之货,其民多贾”。如卫国都城帝丘繁荣到可与“天下之会”的定陶相比,且并称为“卫陶”。洛邑和阳翟也成为战国后期非常繁荣的商业城市,战国时期著名的大商人白圭和吕不韦,就分别为上述两地人。此外,在鸿沟运河系统中,还兴起了一批新的城市,如丹水和泗水汇合处的彭城(徐州)、睢水边上的睢阳、颍水入淮处的寿春等。

秦统一中国后,长江、淮河、黄河等自然河流加上春秋战国时期开凿的邗沟、鸿沟、荷水、江南等运河,已经形成了遍及全国的水路运输网络。秦朝利用这个水路运输网络将济水下游的齐鲁地区、鸿沟流域的黄淮平原、邗沟和江南运河周边的江淮地区等盛产的粮食、物资等运至北伐匈奴和南征百越的前线,以及国都咸阳庞大宫廷、官僚阶层、军队给养，还将粮食漕运送至设在水陆交通中心的国家粮仓——荥阳等敖仓，以备秦朝军事行动时的粮草供应。可以说，秦朝不仅统一了中国，还统一了度量衡和文字，留下的全国运河系统仍在造福后代，也开创了影响着我国整个封建时代的漕运制度，成为中华民族重要的历史文化遗产。

公元589年，隋灭陈，结束了五胡十六国大分裂时代和南北朝时代，中国复归了一统。在长达400年的分裂割据时期，北方经济遭到严重破坏，中国古代各民族进入了大迁徙、大融合时代，南方经济得到迅猛的发展，国家经济重心逐渐由西北地区向东南地区移动，改变了古代中国经济的重心顺着黄河流域呈东西走向的格局。隋统一中国后，为了改善南北交通，加强国都长安与东南富庶地区的政治经济联系，便于从黄河下游和江淮地区转运漕粮，以及加强北部防御，隋朝全面规划建设了运河网络，大规模开凿了以洛阳、开封为中心，北起涿郡，南达余杭的运河网。运河开通后，运河中“商旅往来，船乘不绝”。杜佑在《通典·州郡典·河南府》中说：“隋炀帝大业六年，更令开导，各通济渠。西通河洛，南达江淮。炀帝巡幸，每泛舟而往江都焉。其交、广、荆、益、扬、越等州，运漕商旅，往来不绝。”由于隋朝存续时间甚短，运河开通不久便告灭亡，故运河在隋代对于南北经济交流的贡献毕竟有限。但是历史事实证明，自隋炀帝开凿的南北大运河将北方地区和南方地区连通起来后，中国虽经历了数个朝代的更迭，大运河的命运也随着朝代的更替而不断演进，但大运河始终是贯通南北的大动脉和后代王朝的经济命脉，对后世的国家统一、经济繁荣和运河事业发展发挥了难以估量的作用。

唐朝在继承隋南北大运河的基础上，进一步完善运河网络，使运河漕运更加畅通，形成了以漕运供应首都长安为目标，以洛阳为中心，以南北大运河为骨干，沟通全国的漕运交通网，为唐朝的强大和繁荣昌盛起到了举足轻重的作用。从初唐到盛唐，首都长安官僚系统和官员数量日益庞大，人口集中，募兵制取代府兵制的兵役制改革使军队粮饷需朝廷供给，虽关中沃野之地，但其产粮之地狭小，《新唐书》卷五十三《食货志》记载，“所出不足以给京师，备水旱”。为维护中央政权、保障首都供给及国防需要，在唐安史之乱以前及唐宪宗时代，通过运河把经济重心南方的粮食等大量物资运送到北方，为唐代“贞观之治”和“开元盛世”的产生奠定了基础，提供了支撑，发挥了经济交流动脉的作用。唐初，江淮漕粮都输往东都洛阳，每年20万石，唐高宗时代以后逐渐增多。到唐玄宗时代，裴耀卿改革漕运方案，采用“分段运输法”，在各河段分设粮仓和转运仓，转相递运，收效甚大，三年供转运漕粮700万石。安史之乱后，汴河淤塞，漕船不通，唐代宗命刘宴通漕。刘宴使漕运重归旧道，并对漕运方式、漕运船舶、漕粮包装方式、漕运队伍、经营形式、护卫制度等进行了改革，使每年漕运东南粮食达110万石。此后，藩镇叛乱，江淮漕运艰难，但皇帝仍赖漕以生。唐贞元二年（786年），关中粮竭，禁卫军即将哗变，韩滉运米三万斛到陕州解了燃眉之急，唐德宗闻讯后对太子说：“吾父子得生矣。”从中可以出，运河漕粮运输对唐朝廷及首都长安的重要性。唐宪宗以后，皇朝内讧，漕运盛况不再，继之农民起义，漕运路线中断。唐光启年间，各地节度使不再继贡朝廷，“江淮转运路绝”，南方物资难以大量运往北方。唐帝国没有了大运河的畅通，缺了经济重心与政治中心的联系，没有了江淮漕粮和税赋的支撑，经济基础发生动摇而力量削弱，再没有能力平乱，军阀割据和纷纷不断的农民起义使天下大乱，最终盛极一时的唐王朝于公元907年灭亡了。从上述史实可以看出，当运河能够充分发挥它的联系南北的经济动脉作用的时候，唐帝国的凝聚力就会强盛而势力雄厚，国运兴隆；反之，如果运河因受到阻碍而不能充分发挥经济运输动脉作用，甚至完全不能发挥作用，唐帝国内部就会分裂而势力薄弱，国运衰微。

北宋时期，开国之君宋太祖为避免唐末五代藩镇之乱，实行以中央集权为主的立国政策，在汴京建立了一个庞大的官僚机构，并集重兵于周边，以提高中央的威望。国都官僚和驻军数量庞大，对粮饷等的需求自然增多。因国家经济命脉系于江淮，为便利从江淮获得巨量的粮食等物资供应，宋太祖不得不放弃建都于形势险要而漕运不便的洛阳和长安，而以处于运河旁边，南方米粮等物资较容易通过运河运到的汴京为首都。由此可以看出，北宋对国都的选择，运河是重要的决定因素。自此以后，运河成为宋王朝的生命线。北宋在漕运上多沿袭唐代旧法和漕运手段，但较唐代有较大发展。宋初太平兴国六年（981年），每年运江淮漕米300万石、菽100万石至京师。乔维岳开沙河故道，并完善运河船闸，使漕运得到进一步发展，漕粮及其他物资逐年增加。至宋真宗时，每年漕运额为600万石，有时达700万石。宋仁宗时，运河每年北运漕粮最高达800万石，以及为数众多的其他物资，构成北宋中央政权赖以维持的柱石。北宋堪称中国古代漕运的鼎盛时期，运河在北宋堪称其生命线，所以《宋史》中多次提到大运河的重要，称“故与诸水，莫此为重”，“故国家于漕事至急至重。

然则汴河乃建国之本,非可与区区沟洫水利同言也"[①]。此外,运河每年向北输送的巨额物资,除用来支持汴京军政人员消费外,其中一部分又向北转运至河北等地,以满足边防的军事需要;还有部分运往山东等地,以作为赈灾救济之用。由此可见,运河作为北宋国家的经济动脉,与北宋立国的关系十分密切,正是由于运河将经济重心和军事政治重心联系起来,从而产生一种力量,使北宋在当时与少数民族的斗争中能够长期存在。

北宋徽宗、钦宗时代,由于种种原因,运河渐渐丧失了它联系南北的运输动脉作用,以致中央政府不能得到江淮地区的物资供应,北部国防上的需要更难以满足。在这条沟通南北的运输大动脉逐渐失去作用的情形下,随着北宋在军事上的节节败退,王朝难以在中原立足,从而陷于灭亡的命运,被迫南渡,偏隅江南。宋皇室南渡建立南宋,南宋与金以淮河为界,两方政权长期相互对立,战火不断,运河被切为两段,不再是连接南北的运输动脉。南宋凭借江淮和江南运河的有利条件,联系南宋各地,并依赖各地上缴的粮财来维持临安的供给和江北前线的军需。因此,南宋所以能够偏安一隅,江淮和江南运河是其中重要的因素。

元代建都大都,京城中官吏的禄米、军队的粮饷、百姓的食用等,都需要从江淮调运大量粮食。元世祖忽必烈以其雄才大略,实施大运河的改线工程,开凿了会通河与济州河,以及北京与通州的通惠河,实现了海河、黄河、淮河、长江、太湖、钱塘江六大水系的连通,开创了南北经济交流的新时代。大运河改线后,江淮漕粮无须绕道安徽、河南,而由江苏至山东、河北至大都的径直线路,运河漕运遂成为元大都的生命线,每年通过大运河从全国各地运到大都的物资不计其数,仅漕粮就达 100 万石。京杭大运河虽全线通航,但因初期会通河水浅,漕运时畅时断,元统治者不得不采取"河运"与"海运"兼顾的漕运模式。元代京杭运河虽未充分发挥作用,但它为明清两代的运河繁荣创造了条件。

明初建都金陵(今南京),依长江之利,构筑了西通湖广、东通江浙、北通黄淮、南通闽粤的水运交通网,水道十分畅通。据《明史·河渠志》记载:"江西、湖广之粟,浮江直下;浙西、吴中之粟,由转运河(江南运河);凤、泗之粟,浮淮;河南、山东之粟,下黄河。"另外,海运可达辽,通过灵渠可达珠江流域。明初便利的水运交通为一统天下、发展经济起到了重要的作用。明成祖朱棣迁都北京

① 《宋史》》卷九三《河渠志》。

后，远离了天下粮仓富庶的江南地区，国家又形成了政治、经济中心分离的局面，京师所需粮食等有赖江南供给，由于明代取消了海运，京杭运河就成为运输物资的最主要通道。明永乐年间，京杭运河每年漕粮二三百万石。在明正统、天顺年间，每年增至四五百万石。明宣宗年间，漕运量最大，达到640万石。除运输粮食外，京师所需要的其他物资如食盐、瓷器、丝绸和生活用品及建筑材料等皆依赖京杭大运河运输。在营造北京城及紫禁城等工程的十多年中，人员、建材及所需的粮食都依赖京杭运河来运送。明朝中后期，江南地区手工业、商业等都得到空前的发展，商品生产空前繁荣，朝廷又鼓励漕运，允许漕船自带二成货物贩卖，进一步推动了南北物资的交流，南北商贸繁荣起来。

清朝定都北京，仍承袭前朝“国之根本，仰赖东南”的基本国策。与元明时期相同，粮食等物资都需要从江南、江淮漕运至京师。因清朝前中期实行海禁政策，南北海运受限，运河依然是王朝的运输大动脉，是皇朝维护统一和政治稳定的经济生命线。清政府规定每年从黄淮、江浙及赣、湘、鄂等征漕粮四百万石，经运河输往北京，以满足朝廷官员俸禄、军饷和京师百姓的需要。除承担漕运任务外，漕船均准许附带一定数量的农副产品、手工业产品等，每年高达420万石，超过了每年漕粮的数量。当时北方市场上的大米、茶叶、木材、纸张、丝绸、布帛、瓷器等商品也多依赖运河从南方运输。“京师百货之集，皆有粮船携带”。江南地区所需的豆类、花生、棉花等也依赖运河的粮船、民船及商船从北方运回。粮船负载货物南北往来不仅沿途商贾居民“咸资其利”，而且南方与北方间的经济贸易也得以实现交流。如果运河出现阻塞，粮船、商船及民船不能通行，则京师粮食百货就因此涨价。若运河停航，“南方粮米布帛不能北来，北方的枣豆难以销售”，南北货物即不能实现流通。清代大运河就像一条纽带将钱塘江、长江、淮河、黄河、海河五大流域的经济紧密联系在一起，每年通过运河运输的粮食及其他货物不下千余石。直至清咸丰五年(1855年)，在黄河改道前，京杭大运河一直是南北经济贸易交流的大动脉，发挥着巨大作用。

综合上述历史记载我们可以看到，从春秋时期至清朝末年，运河在我国古代历朝历代经济交流中都发挥了非常重要的作用，是攸关国运的大事，属帝王头号工程，所以各个封建王朝都对运河建设和漕运投入了大量的人力、物力、财力，在全国建设比较完善的运河网，还形成了一套完整的管理制度和运行机构体系。运河漕运与封建王朝的政治、经济和命运息息相关，是京师粮食等供给和军需品最重要运输的运输通道，因此也是封建王朝的生命线。

(三)古代运河是文化交流、传播、融合的纽带

开凿和贯通运河不仅在维护国家统一、加强商品流通和经济贸易交流,进而促进经济社会繁荣中发挥了举足轻重的作用,同时也推动了地区间的文化交流和传播,促进了各民族间的融合以及中外文化的交流,成为不同文化交流、传播和融合的纽带。

首先,运河促进了中国传统区域文化发展,扩大了交流的空间格局。中原、燕赵、齐鲁、荆楚、吴越,乃至岭南和巴蜀等地区,相对存在着互相隔离的文化板块,在运河的连通下逐步实现了汇聚融通,从而使整个中国文化呈现出多元一体、丰富多彩的格局,使中国文化充满了生机和活力,促进了中国社会的进步和发展。

其次,运河促进不同地域文化的交流和融合。从中国地域文化来看,运河在我国几大水系之间架起了一座文化沟通的桥梁,中原文化、北方游牧文化、齐鲁文化、江南文化、荆楚文化及巴蜀文化、岭南文化等通过运河的交流活动,有了广泛的人员往来、书籍流通、生产工具和技术的推广、文学艺术和思想的传播、生活方式和社会习俗的交流融汇等等。例如,中原地区先进的文化、生产工具、耕织技术等通过灵渠传到岭南,促进了岭南经济社会的发展;江南地区的园林建筑文化通过大运河传播到北京。北方的戏曲通过运河传播到浙江、福建、广东、广西等地。

(四)古代运河是中国古代沿河城市的母亲河

运河的开凿使沿河地带的节点成了水陆要冲、交通枢纽,带来了商业的繁荣,进而刺激了手工业的发展,运河、商业和手工业共同促进了运河沿线城市的形成、发展和繁荣。对于依托运河发展起来的城市而言,运河就是这些城市的母亲河。河南的开封、洛阳因运河而成为多个朝代的都城,并有了《清明上河图》中所描绘的繁荣景象。江苏最早的城市,如镇江、苏州、常州、无锡、常州等,多诞生在运河沿线;浙江的嘉兴、杭州,也因运河而兴;山东的济宁、聊城、临清、德州借助运河而兴旺;河北沧州、天津、北京通州等,也因运河而发展、繁荣。明代中叶以后,随着商品经济大发展和对漕运携带私货政策有所放松,极大地促进了南北物资交流,也繁荣了沿岸城镇。当时在全国著名的工商业较发达的30多个大中城市中,就有杭州、嘉兴、苏州、常州、镇江、扬州、松江、淮安、仪征、济

宁、德州、临清、顺天(今北京)等13个为运河城市,几乎占了中国东部地区城市的半壁江山,其他如浒墅、东昌、徐州等运河周边城市,其经济也相当繁荣。这些运河城市都位于运河与其他河流的交汇点或起点与终点,它们的兴起与繁荣都与运河的关系十分密切。

运河的开凿和通航改变了古代中国城市发展的格局。隋代大运河的开通,不仅带动了江淮地区的开发,促进了江淮地区的经济文化发展,而且促进了沿河城市的兴起和繁荣,尤其是在水陆要冲先后兴起了一批市镇,如汴州、宋州、楚州、扬州、润州、常州、苏州、嘉兴、杭州等当时都是著名的运河城市。元代京杭大运河的通航,加快了江淮地区城市的发展,也改变了中国城市发展的格局,通惠河、会通河、济州河凿通后,北方新兴并崛起了一批沿运河线繁华的城市,如通州、天津、沧州、临清、聊城、济宁等。

(五)古代运河是古代中国对外贸易文化科技交流的桥梁

运河是连接陆上和海上丝绸之路的纽带,如以洛阳为中心的隋唐时期的运河与长安为起点的陆上丝绸之路联系在一起,浙东运河与海上丝绸之路相连接。这些连接通道便利了古代中国与外国开展贸易往来,使得无论是出口的瓷器、茶叶、丝绸,还是进口的珠宝、香料和棉毛制品都能通过运河连接的通道运往海港、丝绸之路或者流向内地。同时,运河便利了人员往来,一些外国使节、旅行者、商人、传教士等多取道于运河来到中国,日本遣唐使、僧人、附属国使者、朝贡使臣、商旅,伊斯兰教徒和阿拉伯商人,元代意大利旅行家马可·波罗、意大利传教士利玛窦,清乾隆时期英国使臣马戛尔尼,都曾经在运河留下足迹。因而,运河成为外国人观察中国物质文明和地域文化的窗口,是异域文化科技与中华文化科技交流的桥梁和纽带。

这些来华的外国人怀着新奇的眼光来审视运河工程及沿线的城镇乡村、风土民情等,激发他们的兴趣,写下了很多游记等文化作品,生动地表达了他们的所见所闻和感悟,进一步推动了中外文化的交流与碰撞。这些记载同时也转化为外国人对中国的认识,成为向外传播中国文化的重要载体,而且这些观察描述和记载对我们今天研究运河有很大的帮助。如北宋时期,日本和尚成寻来中国求法,沿运河乘船北上,沿途详细记录运河船闸的运营情况,对我们研究宋代船闸发展情况有很大参考价值。元代,意大利旅行家马可·波罗游历了京杭运河,并在《马可·波罗游记》中以大量的篇幅记载了元代中国通过运河与外国的交流情况，游记中记述："中国与亚洲、西方的僧人、官员、商人、传教士、旅行家、使团等频繁由运河往来中国，并经由海上、陆上交通，形成了古代中国与亚洲、欧洲等广泛的政治、经济、文化联系，促进了古代世界的沟通和交流。"这些记述及马可·波罗对运河区域的物产、风俗、人情、建筑等所见所闻，都成为以运河文化为代表的中国文化外传的重要见证。明万历年间，西方传教士利玛窦在其著作《利玛窦中国札记》中记载了他从南京到北京，沿途经过的运河城市的风土人情和运河漕运情况。

同时，运河作为古代中国与世界紧密联系的桥梁，中国的丝织工艺、陶瓷制造、建筑艺术、造纸印刷术、指南针，以及各种文化书籍等向海外传播，国外的天文学、地理学、数学、医学、雕刻、绘画等科学技术知识也相继传入中国，使中国学到了世界先进的科学技术知识，促进了古代中国的科技发展。

第二节　灵渠在中国古代内河水运史上的价值和成就

一、灵渠在中国古代内河水运史上的价值

（一）灵渠的开凿使我国古代内河水运网实现了全国通达

中国地势西高东低，黄河、淮河、长江、珠江等主要大河都是由西向东流，东西向的水路运输比较容易，但是南北的水运却存在很大困难，所以必须在南北河流之间开凿人工河道，才能使这些大的河流间实现连接。开凿运河拥有一个有利条件，那就是这些主要河流的支流多为南北走向，而且各条大河的支流之间往往相距较近。另外这些大河的中下游地势较为平坦，湖泊众多，也非常有利于开凿人工河道。因此，智慧勤劳的我国古人利用天然的河流、湖泊，开挖人工运河，接连天然河道，扩大了航运范围，使我国的内河航运成为一个体系。

中国是世界上最早开凿运河的国家，春秋战国时期就开凿了沟通太湖与长江的胥河、沟通长江与淮河的邗沟、沟通淮河与黄河的荷水，以及魏国沟通黄河与淮河的鸿沟等一些比较重要的人工运河，进而沟通了黄河、淮河、长江等主要水系，在秦始皇统一中国以前，长江、黄河、淮河三大水系已实现沟通。据史书

记载,邗沟是我国也是世界上有确切纪年记载的第一条大型人工运河。中原地区的主要河流都是通过这些运河实现连通的,而在我国的四大河流中只有珠江水系还孤立于内河航运体系之外。

灵渠的开凿直接沟通了长江支流湘江与珠江流域支流漓江两条支流,连通长江水系与珠江两大水系,与连通黄河、淮河、长江水系的邗沟、鸿沟等运河,以及曹操在河北平原修建的白沟、利漕渠、平虏渠、泉州渠、新河等连接黄河、海河、滦河的运河一起,实现了滦河、海河、黄河、淮河、长江、珠江六大水系相连通的局面,进而构成了中国古代庞大的内河水运网络,成为中国水运史上的壮举。因此,从全国内河水运的地位和作用来说,灵渠是一条不可或缺的人工运河。从此,海河、黄河、淮河、长江、珠江五大水系都有运河紧密相连了,黄河流域的船只不但可以经淮河向东南到淮河长江与钱塘江通航,而且可以从黄河流域经淮河、长江向西南通过灵渠与珠江通航,沿水路直达岭南、云贵地区,大半个中国的内河水运形成体系,这是中国水运历史上的一个跨越,灵渠的意义也不只限于越岭、通江。

(二)灵渠是构建我国古代运河体系中关键的运河工程

我国古代开凿运河工程的主要任务是沟通相邻或邻近的天然河流、湖泊或海洋,以达到缩短运输距离和改善航行条件的目的,为开疆拓土、巩固国家统一、维护政权稳定提供物资运输保障。我国古代之所以能够形成四通八达的内河水运网,享有古代中国“运河帝国”的美誉,其中联系我国主要水系的运河起着十分关键的作用,如联系钱塘江、太湖和长江的胥浦、胥溪,联系长江、淮河的邗沟,联系淮河、黄河的鸿沟,联系黄河、海河水系的白沟、平虏渠、利漕渠等。灵渠如同上述连接不同水系的关键运河一样,联系了长江水系与珠江水系,使得中原地区与岭南地区实现水路直达。如果没有这些运河工程就不能实现我国主要水系的连通,也不能构建成全国水运网系统。

(三)灵渠是至今保存完整并发挥作用的古运河工程

在古代的运河工程中,大部分运河随着历史发展进程因自然灾害、气候变化、战争动乱、朝代更替、都城变迁、其他运输方式兴起而消亡,仅有少部分古代运河工程得以留存至今,并仍在发挥着航运或灌溉作用。

战国时期魏国开凿的连接黄河与淮河的著名运河——鸿沟,是先秦时期中原地区最重要的人工运河，以鸿沟为基干的运河系统，使我国在公元前360年就形成了相互沟通的运河体系，将钱塘江、太湖、长江、淮河、黄河联系在一起，不仅对魏国的政治、经济、军事的稳定有着不可忽视的贡献，而且对黄河、淮河流域经济社会的发展起着重要作用。汉代以后鸿沟改称为蒗荡渠，魏晋时期又改称蔡河。隋唐时期，以鸿沟部分渠道为基础，修通了通济渠，并成为南北大运河的组成部分。因后来鸿沟水系被淤塞，运河功能消失，至今只留下部分河道遗迹。同样，由于各种原因，魏晋时期曹操开凿的联系河北诸水的白沟、平虏、泉州、新河、利漕五条渠道，隋炀帝开凿的广通渠，隋唐大运河的通济渠、广济渠、永济渠，北宋时期的汴河等，这些运河的航运作用都已随着形势的变化而败落消没了，只留下了部分故道。

元明清时期，京杭运河将全国政治中心和经济文化最发达的地区联系在一起，沟通了海河、黄河、淮河、长江、钱塘江五大水系，对促进南北经济文化的繁荣、加强国家的统一发挥了巨大的作用。清末民初，由于黄河改道、战乱等影响，大运河黄河以北段遭到严重破坏，又因火车、海轮等现代交通工具的出现，铁路、海运等南北新的交通运输线路形成，京杭大运河济宁以北至天津数百里河段不再通航，河道大部分彻底干涸，航运逐步退出历史舞台。

如前所述，许多有着辉煌历史的运河已干涸殆尽，只留下它的历史遗迹供后人凭吊感怀。但有很多古运河工程虽历经风雨，仍历久弥新，至今仍在发挥作用。如京杭运河长江以南河段的江南运河，始于春秋，后经秦汉开凿、疏浚及隋代重新疏凿、拓宽，从无河到有河，从分段通航到全线通航，历时两千多年，形成了至今的江南运河。江南运河是唐宋及元明清时期京杭运河大动脉的南段，河道与线路走向自古以来几无变动，是航运条件最好的河段。当前，江南运河是国家主干航道“两横一纵”之纵向主干——京杭大运河的重要组成部分，是京杭运河运输最繁忙的航道，承担着大量货物运输任务，在综合运输体系占有非常重要的地位，对沿线经济社会发展和产业布局起着重要作用，仍在持续造福于社会。

灵渠作为有两千多年历史的古运河，在运河建设及工程设施上创造多个历史之最，在中原地区与岭南地区政治、经济、军事、文化交流中发挥了重要作用。它历经兴衰，在我国运河建设史上留下了浓墨重彩的一笔。灵渠虽历经风雨沉浮，但其渠道仍保留着秦代开凿时的原始走向和形态，主体工程铧嘴、大小天平、南北渠等仍保持古代旧制，陡门等附属建筑除少数损毁外，其他基本保持原来的面貌,还在正常发挥作用。随着时代的进步和现代运输方式的变革,古老的灵渠因其自身条件的限制,已经无法适应现代船舶通航要求,所以有着 2 200 多年航运历史的灵渠荣光而退,停止其货物运输功能。今天,这条古老的运河已经成为人类文明宝贵的遗产,感怀古代中国人伟大成就的名胜古迹,供国内外学者游客学习和游览观光。同时,灵渠已改造成以灌溉为主的水利工程,两侧修建了长达 100 多公里的灌溉渠道,形成了一个规模巨大、四通八达的灌溉网,滋润着万顷良田,继续造福一方百姓。

(四)灵渠是我国古代运河发展兴衰的代表工程之一

我国古代运河发展历史久远,是世界上最早开凿人工河渠的国家,但古代运河的发展并非一帆风顺,经历了一个创建、完善、繁荣、衰落的历史过程,而灵渠是其中几个重要阶段的代表之一。

先秦和秦汉时期,我国运河属于创建阶段,而灵渠是这个阶段的代表性工程之一。春秋战国时期,凿通的邗沟、鸿沟、荷水等运河联系了长江、淮河、黄河;秦代,开江南运河联系长江与钱塘江,凿通跨越山岭的运河——灵渠,联系了长江与珠江水系。这些运河使黄河、淮河、长江、珠江水系联系在一起,初步建成了全国内河航道网络,拓展了水运辐射范围,对促进国家统一、经略岭南、加强南北经济文化交流、开辟海上丝绸之路发挥了重要作用。

隋唐时期,我国运河建设进入发展时期,建成了辐射全国的内河航道网。隋文帝令宇文恺凿广通渠,引渭水自长安,东至潼关通黄河;隋炀帝开通济渠、永济渠、山阳渎,建成后世著名的南北大运河。这条运河北部与海河相连,南部与钱塘江相接,将海河、黄河、长江和钱塘江五大水系连成一个统一的水运网。唐朝中后期,灵渠也进行了较大规模的修复和改进,与大运河等一起,组成了一个四通八达的全国航道网,对后世的经济繁荣和国家统一,发挥了难以估量的作用。

宋元时期,我国运河发展进入技术创新和繁荣时期。北宋时,我国运河建设技术有了许多创新,如复闸、澳闸建设及河流治理技术等都领先于世界。运河的漕运量也超过唐朝,北宋画家张择端的《清明上河图》就真实地描绘了当时汴河水运繁忙的景象。元代先后开凿了会通河、济州河和通惠河,贯穿中国东部的京杭大运河全线通航,成为古代中国南北政治、经济和文化交流的大动脉。元代运河建设的另一大创举是开凿胶莱运河,实现了河海联运,缩短了海运绕道山东半岛的距离,避开了海运风浪之险,但胶莱运河开通不久,受技术条件限制而被废弃了。宋元时期,灵渠也经过多次重修,并增设陡门,以提高运力,南北方大量漕粮和物资在此转运,并成为海上丝绸之路的重要节点,以及官员、商旅、文人往来中原与岭南的重要通道。因此,这一时期的灵渠如同南北大运运河一样,航运十分繁荣,对岭南地区政治、经济、文化的繁荣发展产生了重大影响。

明清时期,我国古代运河发展由高峰时期转向低谷时期,灵渠航运业也随之由兴盛转向衰落。明清两朝,相继建都北京,京杭大运河依然作为连接北方政治中心与江南经济中心的水运大通道,灵渠也依然作为联系中原地区与岭南地区的水路通道。明清朝廷为确保这两条水运通道的通畅,都投入了巨大的人力、物力、财力对运河进行整治,其中对灵渠维修的次数为历朝之最,精心维护使运河的功能和作用得以充分发挥。在明清朝廷的精心经营下,中国古代运河的发展达到高峰。当时,京杭运河舳舻相接,船只往来如梭,漕运船舶最高达 12 200 只,船工超过 12 万人。除了运输粮食外,运河上还有许多官船、商船和民船。南方生产的粮食、丝绸、物产、瓷器、食盐、木材、纸张和北方生产的大豆、小麦、水果等特产都通过京杭大运河运河进行贸易运输,商品流通量远远超过漕运量。据清末康有为《清废漕运改以漕　筑铁路折》卷五记载清代运河的盛况:"窃漕运之制,为中国大政;……自京城之东,远延通州,仓廒连百,高樯栉比,远夫相属,肩背比接。其自通州,至于江淮,通以运河,迢递数千里,闸官闸夫相望,高樯大舸相继,运船以数千计,船丁运夫以数万计,设卫所官以数百官以守之,各省置粮道坐粮厅以司之,南置漕运总督、北置仓场总督两大臣以统之。"由此可见,大运河运输十分繁忙。明朝中后期,运河货物运输的繁荣,带动了商品经济和手工业的发展,使我国资本主义经济萌芽。灵渠作为沟通中原地区与岭南地区的便利水运通道,两广往北运的大宗货物,中原及湖南往两广南运的货物,多经桂江、漓江、灵渠、湘江进行转运,所以明清时期是灵渠发展南北经济、文化交往的鼎盛时期,承担着部分湘、桂、黔、粤等省的粮食、食盐及其他商品的水路中转运输任务,曾出现日通过船只达 200 只的繁忙景象,成为"三楚两广之咽喉,行师馈粮,以及商贾百货之流通,唯此一水是赖"。[1] 桂林依托灵渠作为五岭南北地区交通的枢纽及各种货物的中转站之利,湖南及桂北所需的食盐主要

---

① (清)陈元龙:《重修灵渠陡门碑记》。

由桂林集散,中原地区的各种货物也沿湘江入灵渠,转运至桂林。因此,明清时期桂林的商业十分发达,米店、丝绸、药铺、盐行等店铺林立,官员、商旅往来人员众多,城市发展成为人口、商业繁荣的都市,成为桂北中心城市。同时明代及清代前中期,灵渠与京杭运河的航运达到了我国古代运河运输发展的高峰期,见证了运河发展的空前繁荣。

清朝末期,由于政治腐败、经济衰退、战乱不断、自然灾害频发、西方列强入侵中国及海运业兴起,导致京杭运河等运河运输功能逐步衰退。清咸丰五年(1855年),黄河在铜瓦厢决口,改道北徙,与会通河交叉于张秋镇以南,会通河被冲断后,夺大清河由山东利津入渤海。黄河这次大改道,不仅给河南、河北、山东三省的一些州县造成了巨大灾难,而且使会通河被拦腰冲断,原来向南流济运的黄河水被断绝,大运河长江以北段的河道大部分被黄河淤塞冲毁,京杭大运河断绝,漕运中断。这一时期,因清政府处于内忧外患的境地,已无暇顾及治黄、治运之事,没有足够的人力、财力、物力再保障京杭大运河河道畅通了。这条肇始于春秋,完成于隋代,繁荣于唐宋,取直于元代,鼎盛于明清,曾盛极一时的古代大运河在清末逐渐衰落,其作为沟通中国南北交通要道的漕运使命最终走向了终结。纵观大运河的漕运历史,这条中国乃至世界上历程最长的人工运河,又何尝不是国运兴衰的见证者?

而彼时的灵渠,其航运功能犹存,仍发挥着沟通中原地区与两广地区水路交通的作用,但它的运输量已远不及高峰时期。至民国时期,由于海运的兴起及湘桂铁路、桂黄公路相继通车,灵渠被现代交通运输方式取代,这条有着2 200多年通航历史的古老运河,功成身退,完成了它的货物运输功能,只留下灌溉功能。可以说,灵渠的衰落,也是中国古运河衰落的一个缩影和见证。

总之,中国古运河的发展经历了从初步发展到全面发展,从分散线性发展到系统网络化发展的过程。在这个漫长的历史过程中,灵渠一直见证着,像其他古老的运河一样,各个阶段既有继承又有创新,使得这些重要运河被各朝代沿用并不断发展,创造了我国古代工程史及人类古代水利工程史上的一个个奇迹,成为人类文明史上的伟大创举。

二、灵渠在中国古代运河建设技术方面的成就

在前面的论述中我们已经提到了中国地势特点与主干江河的流向的基本情况,由于各主干江河互不相通,水运的优势难以发挥,阻碍了南北政治、经济、

军事、文化相互交流。为排除在水运上的这种阻碍，春秋时期我国古人就通过开凿沟通水系的人工河道，弥补各自然水道不能沟通的不足，从而诞生了人工运河，使中国成为世界上开凿人工运河最早的国家。这是中国江河水运交通在利用自然和改造自然过程中的一个飞跃，是中国古代社会文明进步的一个重要标志。李约瑟在他撰写的《中国科学技术史》中，对中国运河建设成就评价说，鸿沟建于公元前4世纪，可以称为人类历史上第一次重要的、实用的人工内陆河道。公元前3世纪史禄取得另外一个胜利，那就是一切文化中最古老的越岭运河，即灵渠，它把始皇帝的军队和粮草水运通过一条山岭连接起来。

春秋末年，吴、越在太湖流域开挖的百尺渎与吴古水道，为南接钱塘江、北连长江的人工运河奠定了基础。吴王夫差开凿了邗沟，连通了长江与淮河，之后又开挖了荷水，将人工运河延伸到商、鲁之间。战国时期，魏惠王开挖了鸿沟，引济水为源，东行接泗水，南行入淮河。至此，南起钱塘江，中经江、淮、济水，北连黄河，沟通浙江东南与中原的两大地区的人工运河网已基本构成。这些运河的开凿凝聚着无数古人的智慧和心血，是认识自然、利用自然和改造自然的伟大创造，表现出中华民族的伟大创造精神，为之后的运河修建积累了技术和经验。

公元前221年，秦始皇建立了统一全国的秦王朝，颁布了车同轨、书同文和统一度量衡的法令，对沟通长江、淮河、黄河三大水系的运河进行疏浚，还开凿了灵渠，为运河的发展和全国性运河体系的形成创造了条件。灵渠的开凿不但在军事、政治、经济、文化上发挥了重要作用，而且开凿技术与其他运河建设技术相比有其独特性，渠首选址分水技术、弯道代闸、梯级船闸技术等多项技术理念至今仍被广泛应用于运河工程实践中，是越岭运河建设技术的领先者，是中国古代水利工程、航运工程建设技术的集大成者。这些技术的特点主要体现在以下方面。

（一）工程布局体现了系统工程思想、经济观念及和谐的自然理念

在规划布局上，灵渠的各设施都恰当地利用了当地地形和水文特点，结合当时的工程技术水平，以广阔的视野，统筹考虑了分水塘位置、南北渠道的线路走向、湘江故道与南北渠道的水流衔接及工程量等工程因素，选定了最优的工程方案，形成了总体巧妙、合理的工程布局。

灵渠渠道和各个设施衔接顺畅、相互协调，构成了一个完善的系统。灵渠

的渠道是由湘江上游的海洋河、北渠、分水塘、南渠、漓江等自然河道、人工河道、堰塘、半人工渠道等部分组成的，而渠道上的设施相互配合，将这些渠段总体联系在一起，最终形成了沟通长江水系与珠江水系的越岭人工运河。其中，它的铧嘴承担分水和导水功能，大小天平承担拦水、壅水、溢流、泄洪及平衡水量的功能，南、北渠承担分流和通航功能，秦堤承担分隔湘江故道与渠道的功能，泄水天平承担泄洪、保堤和维持渠道流量稳定的功能，陡门承担船闸功能，黄龙堰、竹枝堰等堰坝承担泄水功能。这些设施既各司其职，又彼此联系、互相配合，缺一不可，形成了一个有机整体，体现了很强的系统工程思想。

灵渠渠首位置的选择和天然渠道的利用，也突出体现了工程经济观念。在渠首位置选择上，建设者选择湘江上源和漓江上源，两河相距最近，选取的分水岭是相对高差最小之处，作为渠首的位置。这是开凿越岭运河，连接湘江、漓江最优的地理位置，可使工程量、开山的土石方量大大减少，施工难度降低，施工进度加快，减少人力投入和工程耗费等。在天然河道利用上，全长 33 公里的南渠，人工开凿的渠段不足 5 公里，其他绝大部分渠段都是巧妙地利用自然河道进行拓宽、浚深而成的。由于工程布局合理，使渠首和渠道工程大大节省了人力、物力、财力和时间，非常符合工程建设所倡导的经济观念。

灵渠的整个工程布局巧妙地利用山形水势，体现了尊重自然、保护环境、与自然融为一体的理念，是我国古代“天人合一”思想最完美的杰作。一是灵渠工程的建筑物顺应自然环境而建，充分利用自然提供的优势资源，渠首、陡门、堰坝等都是在对河流自然特性及周边环境不做大的改变的前提下，略做调整而非控制水流以达到人类利用的目的，达到取得工程效果和保护自然的双重目标，真正实现了人与自然、人与水的和谐相处；二是灵渠工程整体与自然环境融合，把人类活动对环境的影响融入自然之中，使自然环境更加丰富多彩，造就了当地一条生态环境优美的风景线，达到“天人合一”的境界；三是在达到人与自然和谐的情况下，使工程付出的环境、自然和人力代价最小，而获得的效益最大，发挥了它非常重要的军事、政治、经济和文化作用。

（二）工程各部分设施设计精巧实用，体现了高超的科学创造水平

1. 渠首工程选址科学、设计精巧

人工运河是引源之河，它首先要选择渠口开源引水。例如春秋时吴国的邗沟运河引江水为源，战国时期秦国的都江堰引岷江为源，战国时期魏国的鸿沟

引济水为源,灵渠引湘江上源支流海洋河为源。由于自然地理条件的差异,我国古代水利及运河工程引水渠首的工程设施多有不同,而灵渠工程的引水较其他运河在地势上要复杂得多。

先秦时期,修筑的运河基本处于平原地区,地势变化不大,对开凿人工运河有利,渠首布置主要考虑引水功能,多采用无坝引水的形式。例如邗沟最初引水是疏浚塘陂,直接引江水济运,东晋时因自然条件变化不能直引江水,堰坝才出现,引江水的方法是引江潮,潮涨时水从坝上溢流或有单闸,开门引潮,闭门蓄水。都江堰渠首布置在岷江由山谷河道进入成都冲积平原的地方,采用无坝引水,只设一个分水鱼嘴,连同百丈堤、金刚堤、飞沙堰、人字堤和宝瓶口几大部分自上而下组成渠道的枢纽工程,其中分水鱼嘴、飞沙堰、宝瓶口是渠首工程的主体。鸿沟以济水为源,引水口附近的荥泽,荥泽渠首的天然蓄水库,引水条件极佳,只需建设水门控制水流即可。《汉书·召信臣传》记载"开通沟渎,起水门、堤阏",说明渠首工程相对不复杂。

灵渠古运河处在山区,在丘陵或山地开渠引水济运,因地势有较大的高度差,必须采用筑堰坝型式,抬高水位,缩减两河间的高差,才能达到引水济运的目的。灵渠的渠首工程除考虑引水济运外,还要考虑引水流量的控制和影响船舶通航的水流速度、流量等因素,这样才能保证船只通过。因此,灵渠为越岭运河,它的渠首工程较平原地区对技术的影响因素更多,在古代的技术条件下对越岭运河选址、规划设计和施工技术更复杂,难度更大。灵渠作为我国最早的山区越岭运河,在总结前人经验的基础上,其渠首工程的选址、布局及施工技术,都有了很大的进步,具有朴素的系统工程思想和很强的经济观念,对后世影响极大。

首先,渠首选址巧妙。秦人从自然条件、工程难度和水源保证等诸多因素的综合考量,没有选择湘水与始安水两河距离最短的地方,而选择远在海洋河上的现址建筑渠首,就是巧妙利用了地形特点和河流走向的优势,一方面解决了工程技术问题,另一方面也解决了水源和水量问题。

其次,渠首地质条件较好。渠首所处河段地层自上而下分别为:第一层是冲积层,厚3.6~6.0米,主要为砂砾石及夹杂的亚黏土;第二层是粉质黏土和砂质黏土,厚4~9米;第三层是灰岩及页岩,其下是基岩。灵渠的基础坐落在冲积层上,地质条件相对较好。渠首的工程地质问题如坝基承载力,抗滑稳定,坝基渗漏、稳定,经两千多年的使用均未发生问题,表明其工程地质性能是良好的。

再次，渠首工程布置简洁，功能完备。灵渠渠首由分水铧嘴、大小天平、南北陡门组成，虽然各部分设施布置简洁，结构简洁，但它们的功能却非常完备。通过筑堰和堰体结构综合地解决了分水、壅水、引水和泄洪等一系列水量分配问题。铧堤筑在分水塘处，在大小天平交点前，其作用与都江堰的“鱼嘴”相似，将海洋河上游来水劈为两支，约分海洋河三分之一的水流沿小天平流入南渠，约三分之二的水流沿大天平流入北渠，故有海洋河“三分入漓，七分入湘之说”。但铧嘴必须配合大小天平才能起到准确分水的作用。大小天平是一座人字形的溢流坝（也称“铧堤”），与铧嘴紧接在一起。铧嘴垒石为堤，顶尖如铧，海洋河水遇铧嘴而向南北分流，引向南渠一侧的叫小天平，引向北渠一侧的叫大天平。大小天平布置成人字形，其主要作用是同铧嘴紧密配合，平衡、调节、分配流量，故名“天平”。小天平与大天平两者长度比约为1∶3（近于3∶7），其设计比例与分水铧嘴将海洋河水三七分比例关系是一致的。天平的设计的关键除长度比外，顶部高程的选择也非常关键。大小天平高5~6米，能把海洋河水抬高6米左右，可使坝体兼有拦河坝和滚水坝的作用。一是壅高水位，减少南渠越岭的开凿工程量；二是拦河蓄水，在枯水期可拦截全部河水入渠，使南北两渠均能维持船只通行所需的水量；三是堤顶略低于河两岸，洪水期洪水可漫堤顶泄入湘江故道中，保证渠道安全。经过天平的调节，坝前水位基本稳定，南北渠道水流量能保持稳定状态，故涨而不溢，枯而不竭。除以上作用外，人字形的坝体长度较通常的直线形坝体长度更长，可降低溢过坝顶的单宽流量。整个坝体采用人字形设计，而不是一字形，可使堤坝轴线与水流方向斜交，以减弱下泄水流对天平表层的冲刷力，并提高天平的泄洪能力。可见，天平的设计十分符合力学原理。李约瑟所著的《中国科学技术史》中将铧嘴、大小天平的设计称为“天才的设计”。堤坝中天平的结构也是相当的灵巧，坝体由石块砌成，铁码子连接，外侧用长石直竖，鳞比排列，称为“鱼鳞石”，可有效减少下泄水流的冲击力。天平的结构充分体现了我国数千年来就地取材、施工简易、费用少、效益大的科学思维方式，对后世工程设计仍有启迪意义。

2. 弯道代闸工程

人工运河水流流经坡度较大的河段时，水流速度会加快，对航行船只和渠道稳定非常不利，我国古人对此采用增加河道弯曲、延长渠道长度的方式，以降低河床坡度，减缓水速，借以保证行船安全。灵渠地处山区，渠道坡度大，为减缓坡度，灵渠的南渠、北渠工程，就是以多弯延长河道减缓坡度，来改善水流和航行条件。从灵渠南、北渠现有河道看，当年灵渠南北弯道减缓坡度措施的技术水平，至今仍令中外人士叹为观止。

灵渠南渠从渠首到汇入大榕江的灵河口,是灵渠的渠道主体,部分渠道坡度甚大,水流湍急,对航行十分不利。在陡门发明之前,为减缓坡度、减低流速,在南渠就采用了弯道减缓坡度措施。其中,南渠半人工开挖河段有三处最具代表性:一是自渠首(铧嘴顶端为零起点)9.4~10.0 公里段长 600 米,有接近 180°弯道七八处,而其直线距离只有 300 米左右;二是 10.03~10.09 公里段长 60 米,直线距离只有 20 米;三是 13.18~13.9 公里处,渠长 700 多米,直线距离仅有 20 米。这三段渠道的地势陡峭、坡降大、水流速度快,将渠道建成多弯形状,就是为了延长河道长度、降低坡度、平稳水流而设。

灵渠渠首向右,过北陡为北渠,全段为人工开挖而成,最后仍汇入湘江。南渠连接了湘漓二水,船舶就应可以沿湘江故道、南渠通航湘漓二水,但是由于大小天平抬高了分水塘的水位,进而加大了这一段湘江故道的水位落差,在当时的技术条件下,船舶难以过大小天平坝体,所以只能舍弃这一段湘江故道而另外开挖新渠道。如果把北渠取直线几乎与湘江故道等长,又会使北渠坡度变大,水流湍急,非常不利于舟船航行,而且还会冲刷河床与渠堤,使南渠及美潭的水位降低及水量减少,甚至造成断流。于是,古人开挖北渠,其坡度比湘江故道平缓很多,为了平缓渠道坡度,有意识地将渠线布置得十分弯曲,大致呈三个 180°的大弯,全长 3.5 公里,而直线距离约 1.5 公里。开凿北渠,布置弯曲河道而不沿用湘江故道,这种保证北渠通航的设计体现了古人很高的技术水平。灵渠北渠河道如图 3-11 所示。

灵渠的弯道代闸技术是中国古代运河工程中的杰出创造,比京杭大运河德州段弯道代闸工程早近 1 000 年,闪耀着古人在处理比降较大河段安全通航问题的聪明和智慧。古人通过巧妙地利用简单易行的技术措施,解决了坡度、流速等一系列问题,达到了利于通舟的目的。

3. 船闸(陡门)技术创造者

虽然通过延长渠道长度、降低渠道坡度减少了行舟的困难。但是,即使经过这样的技术处理,现存南渠坡降仍有 0.91‰,也大于适合航行的比降 0.33‰的要求,北渠坡降更达到了 3.3‰。在如此陡的坡降下,水流速度仍较快,水深浅,舟行仍很困难。在这种情况下,建设船闸设施来调整渠道水深和流速应是理想的方式,不过秦代尚未发明陡门,对灵渠陡门的记载,最早见于唐代。为了行船之便,秦汉时期采取了一些临时性措施,如修建土堰拦水等,加上人力拉纤,助力舟船逆流而上。这些临时性助航措施低效、耗费人力和财力,舟仍时常浅涩难行,航运作用不能充分发挥。

图 3-11　北渠河道示意图

当历史的车轮进入唐代中期,中国封建社会达到了巅峰时代,随着社会经济的空前繁荣和岭南地区的进一步开发,中原地区与岭南地区之间的政治、经济联系的加强及经济、文化、人员、贸易交流日益密切,对于沟通岭南地区与中原地区的唯一水路通道——灵渠的运输需求也随之增长,过去使用的临时性助航措施已不能适应发展的需要。随着隋唐大运河的建设,中国运河设计和施工技术日臻成熟、成就显著,相关技术可以为其他运河工程借鉴。因此,灵渠的陡门应运而生,破解了陡坡通航难题。根据史料记载,唐宝历元年,观察使李渤在灵渠上兴建了陡(又名斗、斗门),来调节渠道的坡度、深度和流速,以利漕运。咸通九年(868 年),刺史鱼孟威又在此基础上重新修整"以石为铧堤,亘四十里,植大木为斗门,至十八重,乃通巨舟"。陡门是建在南北渠跌水处的单门船闸,其作用是节制运河水量、适当调整渠道水面坡降和航深的建筑物,与现代通航船闸的作用类似,是我国及世界上最早的船闸雏形,原理基本上与现代船闸相同。陡的发明很好地解决了复杂地形的通航难题,减少了水耗,调节了水位差,减免了过陡坡河段或过堰、埭的盘驳牵挽之劳,从而提高了漕运能力,其发明与应用在世界航运史上具有划时代的意义。灵渠陡门如图 3-12 所示。

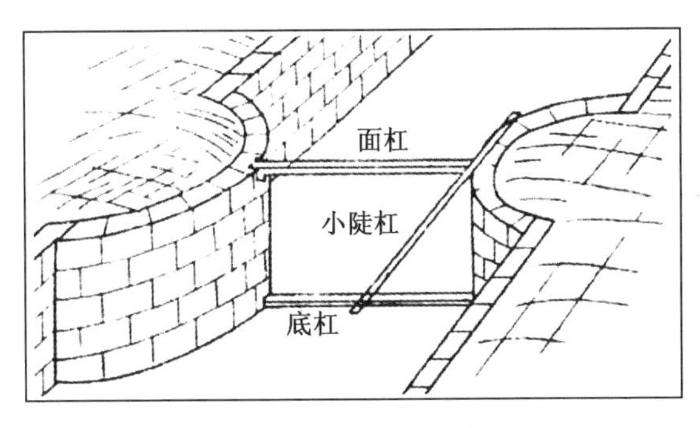

图 3-12　灵渠陡门示意图

灵渠相邻两陡门之间的距离不等,最远者在 4 公里以上,最近者仅 150 米左右。两个近距离的陡门构成了一座单级船闸,在坡度较大的一段河道中,有三四个陡,陡门间距离在 120~150 米,构成了一座类似三峡船闸的一座多级船闸雏形,对后世多级闸的创建和河流梯级渠化有重要借鉴意义。据不完全统计,灵渠陡在唐代有十八道,北宋减为十道,南宋增至三十六道,明代仍是三十六道,所以灵渠又有“陡河”之称,还有“七十二弯三十六陡”之称。这种通航闸门,在灵渠这条山岭运河中,一直保持到清代未变。清代杨应琚记载的灵渠陡门如图 3-13 所示。

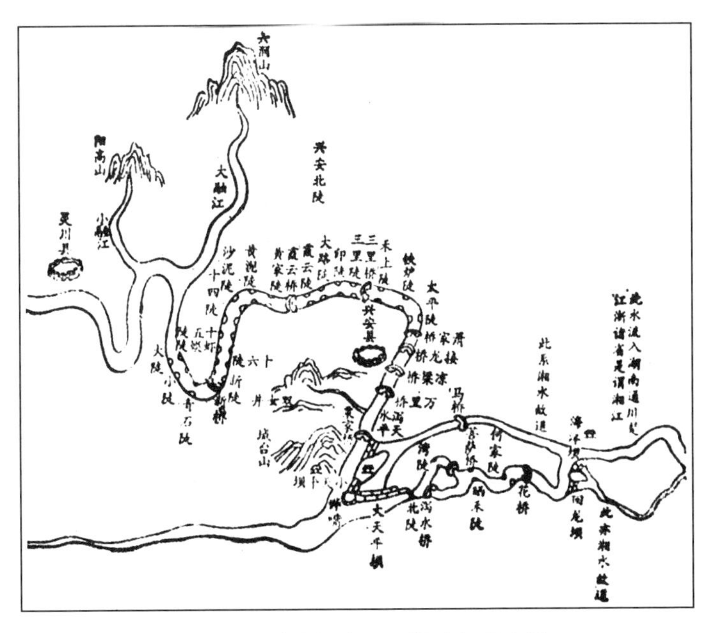

图 3-13　清代杨应琚灵渠陡门示意图

陡门作为人工运河渠化工程上的一项变革性创举，是世界船闸史上最早的船闸雏形，被称为“世界船闸之父”，在世界水利和航运建设史上具有重要地位，推进了世界航运技术的发展。李约瑟在《中国科技技术史》中对比研究中外船闸（又称“厢闸”）和过岭运河发展历史后评价，在土木工程史上，船闸的发明是一个重大的里程碑和历史事件，对运河的发展特别是越岭运河建设影响非常大。船闸的优势在于，简单而便利的闸门设备，紧密连接，只允许少量船只通过，这样水位变化在最短时间内就可完成，并且可将上游水位损失的水量减少到最小的程度。

李约瑟在《中国科技技术史》中，对船闸在不同文明国家的出现时间进行了比较研究，指出德国1398年才在欧洲历史上第一次建成了从劳恩堡至吕贝克的施特克尼茨越岭运河，沟通了北海与波罗的海，晚于中国灵渠近1 700年。意大利在1179—1209年才建成了纳维格里奥大运河，这条运河上出现了带有人字闸门的船闸，晚于灵渠陡门400多年。1373年，在荷兰梅尔韦德运河上的弗雷斯韦克建成了西方第一座现代型复式船闸，也远远晚于灵渠的多级陡门。从比较研究结果看，船闸技术起源于中国，比世界任何地方都早。

李约瑟还在评价中国古代运河建设成就时提道，约在20个世纪中，唯独中国人知道开凿人工通航水道，能够有条不紊地和高效地运输重的货物，在这方面远远走在18世纪工业革命的前面，在此期间来到中国的外国人看到这些运河工程，都为之震憾，并啧啧称奇。因此，以灵渠为代表的中国古代运河，创造了世界水利和航运的奇迹，远远胜过古代的和中古时期的其他文明。虽然中国古人没有水力学、流体力学，但也阻挡不住他们有效地治理、建设及管理运河，这更多的是积累起来的传统经验，这种成功的经验从未离开过直觉和理性。

（三）结构简朴，就地取材，施工精细严谨

灵渠的铧嘴、大小天平、陡门、堰坝等建筑物型式简朴而实用，建筑材料就地取材，施工技术精巧，整修维护方便，对它们的修缮改进被历代朝廷重视。这些工程特点使得灵渠虽经历2 200年的风雨历程而安然无恙，仍完整地展现在世人面前，还在发挥着它的水利功能和效益，表现出创建者在工程布局、砌石结构和施工上高超的技术水平。

从建筑结构看，灵渠的铧嘴、天平、陡门、堰坝、护岸等建筑物的基本部分由石灰岩砌筑而成，结构相对简朴，但部分设施结构技术独具匠心。铧嘴四周由

大块石灰岩条石砌筑而成的,内填充砾石和沙石。大小天平结构相当灵巧,坝体高 3.7 米,是用大块石灰岩砌筑而成。坝段临水面用大条石砌成阶梯形式,分级跌水消能,可以抵抗溢流水力冲击。坝顶平铺石灰岩条石,倾斜面用页岩片石竖直砌筑,鳞次排列,称为“鱼鳞石”。由于坝体溢流,因此除坝体本身必须坚实外,地基也要牢固。为加强地基承载力,采用松木打桩,在桩上平铺龙骨木,桩和龙骨间空隙用石渣填满,形成整体,在桩基上再砌石筑坝。南北渠道上的溢流堰结构与大小天平相似,都是由大条石砌成的溢流坝,堰顶设桥,连接两端堤坝。灵渠陡门是现代船闸的雏形,虽与现代船闸在形态上有差别,但基本构成和作用原理相似。李渤主持修缮灵渠时,最初的陡门是竹木结构。鱼孟威主持修缮灵渠时,陡门改为木结构。灵渠现存的陡门是用大条石砌筑而成的,形状有半圆形、圆角方形、半椭圆形、梯形、蚌壳形,其中以半圆形居多。灵渠上的堰坝建在南渠的天然河段部分,一般用大木做成长方形框架,横断在河道的水流散漫、水深小的河段上,框架两面用长木桩密排深钉,框架内堆砌大卵石或大石块,在深泓处设置堰门。

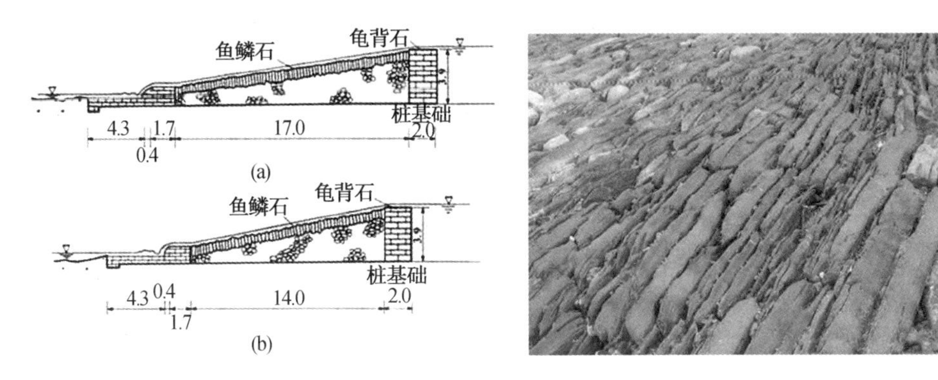

图 3-14　渠大小天平结构示意图及坝顶的鱼鳞石(单位:米)

灵渠的各个设施结构以石料、竹木为主,这些材料均就地取材,来源广泛,费用低廉,施工简易,有利于建设和维护。根据各建筑重要性、承载力及抗水流冲击的不同,建筑各部位也采用了不同的建材。如大小天平、铧嘴承担着拦水、壅水、分水和泄洪等功能,受水压力及水流冲击力大,因而使用大块石、长石砌筑,以确保稳定,提高抗冲击能力。大小天平及铧堤所处河段地层为冲积层,主要为砂砾石及夹杂的亚黏土,承载力相对较弱,所以基础采用松木桩。这种基础形式在我国古代水利工程中常被采用,它可以增大地基的承载能力和受力均匀。同时,充分利用松木松脂丰富,“水浸松木千年在”的耐腐蚀特点,提升桩的耐久性,延长使用寿命。

灵渠的施工技术日臻精细。自秦创建以来,灵渠经过长时期的使用和改进,整体机构渐臻完善,体现出施工技术也在不断进步。如清代陈元龙主持修治时,改大小天平原来平铺的大石为龟背形砌筑,使大石错落相间,相互制约,结构更加稳定、牢固。为增强整体性,坝顶两石相接处凿有“燕尾槽”,对接形成“X”形石槽,然后将熔化的生铁水灌入,用以把相邻的两块石头连成为一体。同时,大小天平的溢流堰以长石直竖,鳞比排列,似鱼鳞状,称为“鱼鳞石”。鱼鳞石既可提高堰顶的抗冲刷能力,又可减小下泄水流的冲击力,还可充填河水带来的泥沙于鱼鳞间,使鱼鳞石越加紧密。灵渠大小天平上的燕尾槽和铁马子如图 3-15 所示。

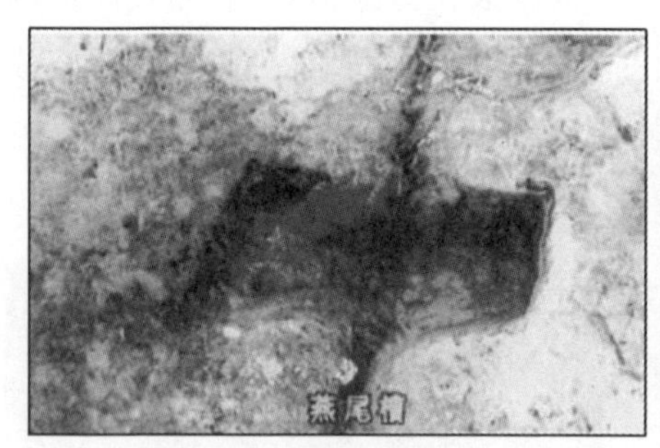

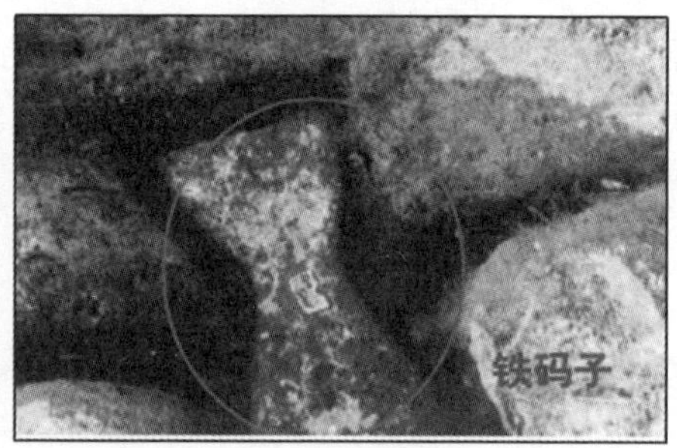

图 3-15　灵渠大小天平上的燕尾槽和铁马子图

从灵渠的施工技术可以看出,正是由于古代建设者忠诚守则、精细严谨地选择每一块石料、每一段木桩,接好每一道石缝,才使灵渠的每个组成部分经得起长期风雨的侵袭、洪水的冲击,才会屹立两千多年不朽。

第四章　灵渠的当代价值及保护利用

第一节　灵渠的当代价值

一、灵渠的复航价值

如前所述，秦始皇开凿灵渠的目的是为了运送兵员和军需物资，在2 200多年的历史长河中，灵渠航运在政治、经济、军事和文化以及对外交往等方面都发挥了重要的作用。因此，航运一直是灵渠的核心功能和价值。当前，以航运设施为核心的灵渠古运河工程基本保持完整，对部分设施进行修缮、内涵挖掘、环境整治和品位提升，恢复其航运功能，彰显其核心功能，是遗产传承价值的核心部分，是对灵渠遗产真正的传承。灵渠复航的价值主要体现在以下两个方面。

（一）将完善全国水路运输网络

我国主要的通航河流基本都是从西往东注入中国东部、南部沿海，其中包括海河、黄河、淮河、长江、珠江等，京杭运河和灵渠这两条人工运河将这些河流连通在一起，实现了中国南北水路大通道的贯通。京杭运河位处我国东部地区，沟通海河、黄河、淮河、长江和钱塘江五大水系；灵渠古运河位于我国西南地区，沟通长江与珠江两大水系。

目前，京杭运河黄河以北河段尚未全面通航，但随着《大运河文化保护传承利用规划纲要》的实施，京杭运河实现全线通航指日可待。灵渠作为连接我国长江与珠江这两大最大水系的运河，虽然现实条件已不允许恢复水路货物运输功能，但作为旅游航道的价值犹在，仍是具有通航功能的航道。灵渠恢复通航，其航道将成为我国内河航道网的重要组成部分，使得我国内河航道网络再次实现南北连接,进一步完善了我国内河水路交通运输体系。

灵渠古运河复航直接连通的长江水系和珠江水系,这两大水系流域面积占全国国土总面积的23%。特别要指出的是长江流域经济区和珠江流域经济区,是我国经济最发达和经济容量最大的两大经济区,灵渠古运河复航,从内河航运上将中国这两大经济区域连接起来,意义深远,复航价值显而易见。

(二)将成为"一带一路"重要的桥梁和纽带之一

2013年金秋,国家主席习近平先后提出共建丝绸之路经济带和21世纪海上丝绸之路重大倡议,得到很多国家的积极响应。2015年,国务院授权于国家发展改革委、外交部、商务部联合发布的《推动共建丝绸之路经济带和海上丝绸之路的愿景与行动》明确指出:要发挥广西与东盟国家陆海相邻的独特优势,加快北部湾经济区和珠江—西江经济带开放发展,构建面向东盟区域的国际通道,打造西南、中南地区开放发展新的战略支点,形成21世纪海上丝绸之路与丝绸之路经济带邮寄衔接的重要门户。2017年4月19日,习近平总书记到广西壮族自治区调研,他首先来到北海市,在合浦汉代文化博物馆参观了海上丝绸之路文化精品展览。陶器、青铜器、金银器、水晶玛瑙、琥珀松石等一件件当地出土的文物,见证了当时合浦作为海上丝绸之路早期始发港的历史。习近平详细了解文物的年代、特点和来源,询问古代海上丝绸之路贸易往来、文化交流有关情况后说,这里有着深厚的文化底蕴。接着,习近平总书记又考察了铁山港公用码头,他说,今天考察了合浦汉代博物馆和铁山港码头,这都与"一带一路"有着重要联系,北海具有古代海上丝绸之路的历史底蕴,我们要写好新世纪海上丝绸之路新篇章。

自"一带一路"倡议提出以来,国际社会广泛响应,这是人心所向。我们要在"一带一路"框架下推动中国大开发和大开放,进而推动实现"两个一百年"奋斗目标、实现中华民族伟大复兴,携手同心共圆中国梦。2015年3月,中国政府发布了"一带一路"路线图,将推动共建丝绸之路经济带和21世纪海上丝绸之路,继承和发扬"和平合作、开放包容、互学互鉴、互利共赢"的精神,倡导把中国梦同沿海各国人民的梦结合起来,欢迎各国积极参与"一带一路"建设,搭上中国发展的快车,共同实现发展目标。

"一带一路"的建设,是在广袤的空间上构建起全球经贸联系的大格局,航运将起到串联其中的关键作用。灵渠古运河航运地理位置优越,区位优势明显,灵渠古运河复航,不仅重新沟通长江与珠江两大水系航运,而且在中国实施"一带一路"建设中将起到重要的桥梁和纽带作用。灵渠古运河既沟通了我国长江和珠江两大黄金水道,又与湘桂铁路、桂全高速公路相交汇,水陆交通便利。特别要指出的是,灵渠古运河的区位优势和地缘优势明显:第一,它连接了长江流域经济带和珠江两江流域经济带;第二,它对接了由珠三角九个城市与香港和澳门组成的"粤港澳大湾区";第三,它面对的是我国广西北部湾经济区;第四,它通过西江—珠江以及湘桂铁路、南防铁路和泉南高速公路等水陆交通线分别与广州港、深圳港、香港港、珠海港、澳门港以及北海港、钦州港、防城港等主要港口连接,濒临中国最大的边缘海——南海,南海是国际航运要冲,并通过国际重要的航运海峡——马六甲海峡,沟通太平洋与大西洋国际航运;第五,它通过长江水路交通,连接中国第二大边缘海东海和第三大边缘海黄海,便于连通我国东部沿海国际港口,使航船沿着海上丝绸之路,加强与沿海国家贸易往来和国际合作;第六,它通过连接灵渠古运河的现代化铁路和高速公路,实现与全国铁路网、高等级公路网联通以及与境外有关国家和地区互联互通,促进丝绸之路沿线国家和地区经济合作,互利共赢。总之,虽然灵渠古运河全长只有36.4公里,但凭借着它的区位优势、地缘优势和水陆交通便利的优势以及有着深厚历史底蕴的优势,实现灵渠古运河复航,将会使灵渠古运河在国家实施"一带一路"建设中起到"桥梁"和"纽带"作用,使"一带一路"架构进一步完善,灵渠古运河复航价值将进一步彰显。

二、灵渠的水利价值

水是滋养万物生命的源泉,使万物生长发展具有灵气,从而兴利避害。以灵渠古运河复航为契机,完善河道及相关工程基础设施,将进一步增加灵渠古运河水量,不仅能为通过灵渠古运河的运输船舶提供可保证的水运量,而且还能为灵渠古运河两岸地带的城镇居民提供足够的生活用水,为沿河两岸地带山塘水库注满库容水量,使沿河两岸农田水利灌溉渠道常年流水潺潺,使沿河两岸地带农田得到有效灌溉、旱涝保收有了基本保障,使沿河两岸工业企业得到充足的工业用水,使运河水道及沿河两岸人文景观和自然景观与河道清澈荡漾的水流互相抢映,将吸引更多游人,使灵渠古运河河道(航道)古代水利(航运)工程设施历史遗产得到修复并成为历史遗存,使灵渠古运河河道及沿河两岸生态环境得到根本的修复和改善等。

三、灵渠的农业价值

灵渠古运河沿岸地带农业主要包括农田作物和水产养殖两大部分。其供水来源主要是灵渠古运河干流及海阳河、清水河、始安河、大溶江和补水支渠等，蓄水设施主要有太平寨水库、泯堰水库和支灵水库等。农田作物主要包括水稻、玉米、红薯等粮食作物、葡萄、油菜籽和甘蔗等经济作物和莲藕、茭白、莴笋、芥蓝、芹菜等蔬菜。水产养殖主要为草鱼、鲤鱼、鲢鱼和螃蟹等。灵渠古运河沿河两岸地带农业用水主要通过灵渠干道的水涵经农田水利灌溉渠道输水供给农田用水，而山塘水库起着重要的蓄水和调节作用，从而构建成沿河两岸地带较完善的农田水利网络系统。水产养殖主要在上述水域进行。灵渠古运河干道水流量对沿河两岸地带多条支流、农田水利灌溉渠道和多座山塘水库的水量起着主导和支配作用。灵渠古运河复航，增加的水流量将使灵渠古运河沿河两岸地带农业生产受益。

四、灵渠的旅游价值

灵渠古运河航道(河道)及其沿运河两岸旅游资源十分丰富。当初秦朝开凿灵渠用于航运，在灵渠发展历史的2 200多年间，由于灵渠航运业的兴起和发展，促进了沿运河两岸经济社会发展、商业贸易繁荣、科学技术文化交融，使灵渠古运河及其两岸地带拥有深厚的历史文化底蕴。加上灵渠古运河两岸美丽和奇特的自然风光，以及近60多年景区和景点的建设，吸引着逐年增加的前来游览观光的游客。灵渠古运河复航，将展现我国2 200多年间灵渠古运河航运的风情和风貌，这是中外旅游者最为向往和前来观光的。因此，当灵渠古运河复航之时，就是灵渠运河地带旅游业复兴之日，这也就是灵渠古运河复航给本地带旅游业发展价值的重要体现。灵渠古运河复航，对本地区乃至周边地区旅游业发展的带动作用和引领作用有其丰富的内涵和外延。

五、灵渠的生态文明价值

2015年3月24日，中共中央政治局召开会议，审议通过《关于加快推进生态文明建设意见》，会议强调要把生态文明纳入社会主义核心价值体系，必须通过多措并举、多管齐下，使青山常在、清水长流、空气清新，让人民群众在良好生态环境中生产生活，努力开创社会主义生态文明新时代。会议强调指出，要把生态文明建设作为重要的政治任务。2016 年 1 月 5 日，习近平总书记在推动长江经济带发展座谈会上强调，要走生态优先、绿色发展之路，让中华民族母亲河永葆生机活力，要在整治航道、利用水资源、控制和治理沿江污染等方面取得积极成效。灵渠古运河复航，有利于古运河及其沿岸地带生态文明建设，也是贯彻党中央关于生态文明建设国家重大政策的重要体现。

灵渠古运河复航，带来运河水流量增加，有利于运河及沿运河地带生态文明建设，能使灵渠古运河及其沿岸地带走上生态优先、绿色发展之路，能让灵渠这条 2200 多年古运河永葆生机和活力。

第二节　灵渠的保护利用

一、国内外古运河保护利用及经验借鉴

目前广西兴安县正在开展灵渠"申请世界文化遗产"工作，了解和分析已被列入世界遗产的国内外的运河保护、管理和利用的经验和做法，对灵渠的保护具有借鉴作用。

（一）国外古运河遗产保护利用及经验借鉴

据统计，目前国外已经被列入世界遗产名录的运河遗产有六处，分别是：法国的米迪运河（1996 年）、比利时的中央运河（1998 年）、加拿大的丽都运河（2007 年）、英国的旁特斯沃泰水道桥与运河（2009 年）、荷兰阿姆斯特丹的 17 世纪运河环形区域（2010 年）。这些运河遗产中，从遗产形态以及保护利用所面临的任务来看，其中米迪运河、丽都运河，以及荷兰阿姆斯特丹运河带这三处世界遗产与灵渠有较多相似之处。现就这三处运河遗产的保护、管理及利用的做法及经验简要介绍如下。

1. 国外古运河遗产保护利用情况

（1）法国米迪运河（Canal du Midi）

米迪运河也叫南运河，贯穿法国南部地区。1666 年，法国国王路易十四颁布法令，授权皮埃尔·保罗·里盖男爵修建一条连接大西洋与地中海的运河，以避开直布罗陀海峡、海盗和西班牙国王的船队，促进贸易发展，提升法国南部

省份的优势。米迪运河的修建从1667年到1694年,主体工程花费了将近15年的时间,可以说是17世纪欧洲最宏大的土木工程,也是目前欧洲在用的最古老运河之一。米迪运河由五部分组成:240公里的主河道,36.6公里的支线河道,两条引水用的水源河道及两小段连接河道,共计360公里。另外包括运河上的328座各类船闸、渡槽、桥梁、泄洪洞和隧道等建筑工程设施,其中船闸就有65座。这些建筑构筑物鳞次栉比,相互协调运作,创造了领先于时代的工程业绩,代表着内陆水运技术在工业社会发展的新水平,为工业革命创造了有利的交通条件。法国米迪运河位置如图4-1所示。

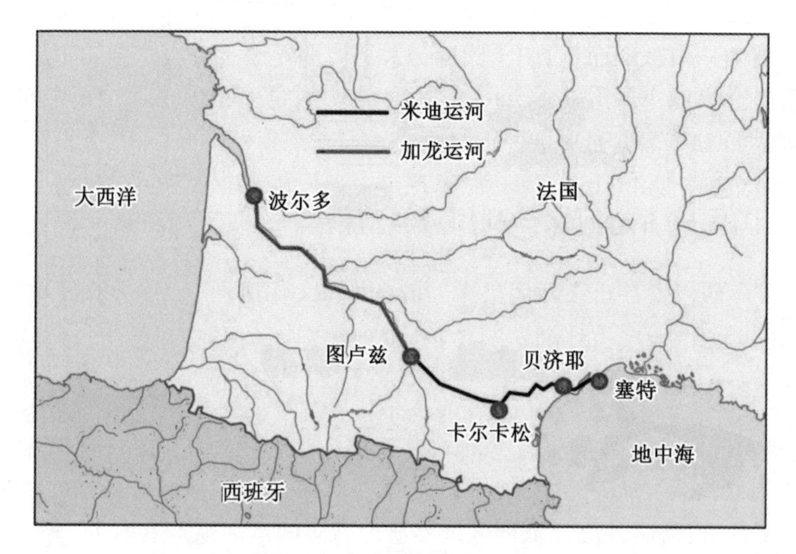

图4-1 米迪运河位置示意图

两个多世纪的米迪运河通航,已成为重要的贸易通道,往来地中海和大西洋间的船只运送着葡萄酒、小麦等法国南部物产及旅客,省去了绕道西班牙南部的3 000多公里航程,给流经地区带来了经济繁荣。随着陆路交通的发展,运河的运输功能逐渐被铁路、公路替代,成了半人工蓄水水道,用于农田灌溉,如今已发展成为旅游景点和沿河居民休闲锻炼的场所。

米迪运河1996年12月7日被列入《世界遗产名录》。世界遗产委员会描述:米迪运河蜿蜒流淌360公里,各类船只通过运河在地中海和大西洋间穿梭往来,整个航运水系涵盖了船闸(图4-2)、沟渠、桥梁、隧道等328个大小不等的人工建筑,创造了世界现代史上最具辉煌的土木工程奇迹。该运河是在1667到1694年间挖掘出来的,它为工业革命开辟了一条航线。运河设计师皮埃尔·保罗·德里凯创造性的构思,使运河与周边环境巧妙地融为一体,从而产生一种和谐美的效果,堪称建筑技术史上的佳作。米迪运河之所以成为世界文化遗产,在于它整个工程保持的完整性、突出的运河技术特色和水利工程性质,代表着内河水运技术在工业革命前已发展到新水平。

图 4-2　米迪运河船闸图

米迪运河流经自然景色优美的法国南部地区,运河沿线散布着众多中世纪的小镇(图 4-3),如罗马时期、中世纪和文艺复兴时期的教堂,远古洞穴遗址,古老的葡萄酒庄园,小巧精致的特色博物馆等。为保护运河遗产,法国政府将运河及沿线的其他文化遗产进行分类,列入相应历史建筑或历史地区加以保护,以保持文化遗产的多样性和个性。在 1994 年申报世界遗产时,米迪运河没有专门的管理规划。申遗成功后,米迪运河的管理分为国家、地方两级管理。国家级涉及的行政管理部门有土地、装备与交通部、环境部和文化部,具体管理机构为法国航道管理局。地方涉及的行政管理机构为图卢兹大区航管局。国家建筑与城市管理局负责受保护遗址和景观的管理,具体管理由大区环境管理局负责。文化部下属的大区文化管理局专门负责管理被列入《世界遗产名录》的历史纪念物。在政策法规方面,法国《公共水域及运河条例》中设有专门章节规定米迪运河的管理,米迪运河也是《公共水域及运河条例》中唯一一条享有专门章节规定的法国境内水道。此外,条例中还明确了运河管理部门和沿线乡镇对运河的保护和维护职责。

图 4-3　米迪运河小镇

现如今,米迪运河已不再承担货运功能,但随着旅游业的发展,其已成为法国南部重要的旅游目的地,它又重现生机。游客可以乘船沿着它弯曲的航道顺流而下进行游览,沿途树木葱茏、景色优美,既可领略运河工程技术的巧妙和沿线建筑的精致,也可停下脚步品味独特的文化和乡土气息,体验运河与周围乡村的和谐共融。米迪运河上的游船如图 4-4 所示。

图 4-4　米迪运河游船

(2)加拿大丽都运河

丽都运河是为军事战略目的而开凿的大型人工运河,北起加拿大首都渥太华,南接安大略湖的金士顿港,横贯安大略省,长 202 公里。美国独立战争结束后,英美之间对北美大陆主权控制之争并未停止。1812 年,英美再次发生战争,史称"第二次独立战争",是美国独立后第一次对外战争,意图兼并加拿大地区,最终将英国势力彻底逐出美洲大陆。由于陆路交通不便,圣劳伦斯河就成为英军人员、物资的补给线。战争期间,英军指挥官一直担心美军封锁圣劳伦斯河。这条河流经美加边境,河面狭窄,一旦航运受阻,部署在加拿大西部的英军就无法获得正常补给,而那里又恰是主要战场,那么英军很可能在开战后很短时间内就失去对加拿大西部的控制。但美军在整个战争期间,几乎没有对圣劳伦斯河上的英军补给线进行阻挠,所以英军可以源源不断地将援兵和物资运到上加拿大地区。战后,英国人发现,美国人没有封锁圣劳伦斯河的作战计划。但是,英国人意识到这条运输通道十分脆弱,为防止美国切断圣劳伦斯河运输,必须开辟另一条备用通道,于是着手开凿丽都运河。

英国政府经过长达 13 年的讨论和计划,1825 年,英国政府批准了这一项目,英军工程师约翰·拜(1779—1836)受命监督运河建设,他后来被称为丽都运河的"建造者"。丽都运河工程于 1827 年春天开工,1832 年建造完成并投入使用,只用了计划开凿时间的一半。这条耗资巨大的工程包括 202 公里主河道、74 座坝和 50 座船闸(图 4-5)、12 座桥 4 座防御碉堡和 1 座堡垒及闸、坝管理用房等。运河将安大略湖畔的金士顿与渥太华河连接起来,作为绕开圣劳伦斯河边境的备用水道,并且使渥太华这个内陆小城变成加拿大的第四大城市暨首都。

图 4-5　丽都运河船闸

然而,运河建成后,美国再也没有入侵过加拿大,并且英美之间的关系逐渐良好,所以运河并没有实现"确保安大略省的供给线持续开放"这一战略目标,运河从未在军事上发挥过作用。但是,这条运河成为大湖区和蒙特利尔之间重要的商业航运通道，人员往来和货物运输都从运河通过，促进了伐木业、木材加工业和制造业的发展，带动了运河周边地区经济、人口、商业贸易的繁荣，促进了城市的形成，为北美的开发和发展发挥了积极的作用。加拿大渥太华的红白松木因为通过这条运河上的木材交易而闻名于世。然而，丽都运河作为商业航道的历史很短暂，1849 年圣劳伦斯河的急流险滩得到治理之后，圣劳伦斯河成为更便利的航道，货物运输转向这条更直接的水路，丽都运河的商业运输因此萎缩下来。随着铁路、公路网的修建，到第一次世界大战爆发时，运河已经失去了商业和军事价值，作为商业航运的历史结束了。虽然丽都运河已不再承担货运功能，但运河依然能正常通航，在旅游、环境资源保护上发挥着重要作用，特别是近几十年来，运河因旅游得以重生。北美那些以乘船为乐的人纷纷来到这里，垂钓者以及野生动物爱好者的目光也转向这里。丽都运河游船见图 4-6。

图 4-6　丽都运河游船

2007 年，联合国教科文组织把丽都运河列入世界遗产名录。丽都运河之所以成为世界遗产，是因为它符合世界遗产的标准，主要体现在：一是丽都运河是人类创造性智慧的杰出代表。在理念、设计和工程上，丽都运河是 19 世纪早期世界渠化壅水运河系统中最具有杰出代表性的工程，是世界上最早专门为蒸汽动力船只航行设计的运河，是将欧洲的交通技术引进到北美的环境条件中并且使其更趋完善的唯一实例；二是丽都运河是一个代表人类历史上重大时期的建筑物（图 4-7）建筑风格、科技创新和景观等整体技术水平的杰出范例。运河的军事战略目的见证了 19 世纪美国和加拿大两国的冲突和战争的历史，同时运河对北美殖民地发展具有重大意义。

图 4-7 丽都运河沿线建筑

丽都运河凿通已近 200 年时间,它促进了沿岸经济的发展,带动了运河两岸城镇的形成,运河周围的自然环境也随之不断改变。渥太华南部的运河岸边,自 20 世纪 50 年代以来建设了大量住宅,丽都湖周围也兴建了许多住宅,都对运河遗址环境造成了影响和破坏。虽然一些文物古迹得以保护,但沿岸现代建筑物已经危及到运河原有的布局特征和文物古迹之间的视线通廊。因此,丽都运河申遗前后也面临着发展与保护的问题,迫切需要在旅游、土地开发和遗产文化自然遗产保护等方面寻求平衡。丽都运河也面临着来自特大洪水,水坝和河岸受到洪水毁坏的危险。

为了保护运河遗产,加拿大政府出台保护规划和政策、划定保护范围、设立管理机构,使运河保护实现制度化和规范化。主要做法有以下几点。

第一,划定核心区与缓冲区。核心区范围包括运河结构体系和与之相联系的碉堡等防御结构体系。沿运河两岸 30 米宽的范围划定为缓冲区。30 米宽的缓冲区除了码头外,不允许有新的建设,沿河两岸的建设必须后退 30 米,挨着缓冲区可建设,但不能对环境有破坏。

第二,出台保护管理规划。丽都运河管理规划于 1990 年开始编制,1996 年编制完成,2005 年重新进行了修编。规划的目的是建立运河遗产长期的、战略性的保护和管理目标,制定公众参与基础上的法律政策框架,确保遗产的完整性,指导公共利用的合理性。加拿大政府每六年对报告进行重新评估和更新规划。规划中将文物本体保护的内容分为两个等级:第一级为运河水坝、门闸、围堰、桥、闸门监管人住房;第二级是与运河相关联的军事防御设施。规划同时提出了应该保护运河遗产廊道的文化景观,包括历史村镇和自然生态景观等。

第三,设立管理机构。1972 年,加拿大公园管理局根据法律从运输部门接管了运河的管理。通过加拿大公园管理局,加拿大政府与省、市政府一起,协调保护与发展的矛盾,各级政府各司其职,加强了遗产保护的有效性。加拿大公园管理局负责编制遗产的管理规划,制订长远的保护计划,确保遗产的价值得到保护与展示。安大略省负责邻近遗产的土地的保护与利用,通过立法处理土地利用规划与文化遗产及其环境的保护之间的关系。环境保护部门负责运河遗产内和岸线周围的湿地、林地、自然生物的保护,使泄洪区、湿地和其他自然特征,减少发展的冲击。加拿大公园管理局直接参与运河沿线市政府发展规划和相关政策的制定,以有效保护沿岸土地、自然特征和景观。

丽都保护的目的是开发,开发的基础是保护。丽都运河完善的保护管理规划为运河的后续旅游开发打下了坚实的基础。丽都运河旅游开发最具代表性的项目是渥太华冰雪节。随着几十年的发展和完善,现在人们不仅可以在世界上最大的丽都运河溜冰场上参加传统的溜冰、滑雪(图 4-8),可以欣赏国际冰雕比赛,参加富有民族特色的美食节和文化节。发展至今,每年有近百万的游客来此体验,极大地推动了当地旅游业的发展。2008 年加拿大联邦公园管理局、安大略省以及渥太华和金斯顿等城市宣布联手推出“运河遗产旅游线路”,提供运河游艇休闲观光、沿途住宿购物等一条龙服务,丽都运河旅游资源的开发已进入了全域整体性开发的阶段。

(3)荷兰辛格尔运河以及阿姆斯特丹 17 世纪同心圆形运河区

2010 年 8 月,在巴西举办的第 34 届世界遗产大会上,荷兰的辛格尔运河以及阿姆斯特丹 17 世纪同心圆形运河区被联合国教科文组织批准列入《世界文化遗产名录》。阿姆斯特丹运河区作为一个历史市区,是 16 世纪末至 17 世纪的一项新“港口城市”规划的结果。整个运河网络位于历史市镇及中世纪市镇的西面和南面,有大小 165 条人工开凿或整修的河道,长度超过 100 公里,拥有 90 座岛屿和 1 500 座桥梁。它们围绕老城区,沿着防御边界向内延伸,直至辛格尔运河。通过运河带建设,排干同心弧形沼泽地,并填平中间的空地以扩大城市空间,统一建造商业房屋与大量的纪念性建筑。阿姆斯特丹运河区绅士运河、皇帝运河、王子运河三条运河呈平行状,沿线有 1 550 座建筑,都建于“黄金时代”,即阿姆斯特丹繁荣昌盛、迅速发展的 17 世纪。辛格尔运河原为环绕城市的护城河,后来阿姆斯特丹沿这条运河向外扩展。运河区域如图 4-9 所示。

图 4-8　丽都运河上的冬季运动

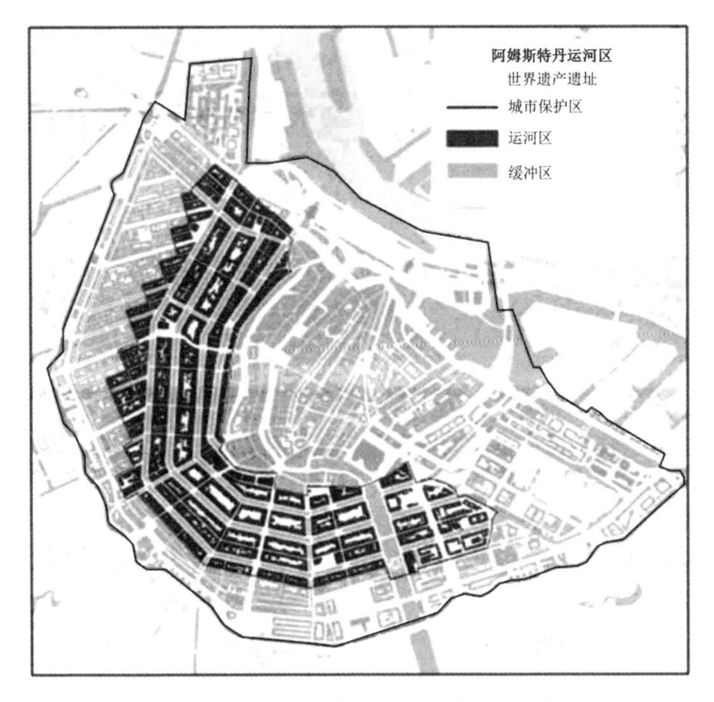

图 4-9　阿姆斯特丹同心圆形运河区域

辛格尔运河及同心圆形运河区曾经是阿姆斯特丹整个城市的经济与交通动脉，城市建立初期，运河的主要功能是交通和贸易，即在城市与外界间建立水路联系，并发展贸易。运河两边主要为工业区、商业区和居住区，同时也分布着港口、造船等工业设施。随着经济的发展，城市人口增加，公共建筑、商业、居住用地增加，工业逐渐搬离主城区。在 20 世纪 80 年代，阿姆斯特丹旧城区进行了二次开发，其功能由黄金时代的港口功能转换为居住功能，规划的主旨是沿运河沿岸地区,将水岸变成阿姆斯特丹城市中心区功能结构的一部分。此后。运河不再以商贸为单一功能,转而被赋予了以景观、生态、文物保护等为核心的历史文化街区,为旧城区带来了新的活力。有些小运河甚至填平成为城市开放空间,为城市增加活力。运河沿线建筑见图 4-10。

图 4-10　运河沿线建筑

目前阿姆斯特丹的运河区已成为各国游客游览阿姆斯特丹的主要目标,每年都有 500 万游客来到运河游览观光。通过乘坐观光游船沿运河领略城市风光,游客不仅可以看到阿姆斯特丹独特的城市规划体系,外形精致优雅的各色建筑,沿河鳞次栉比的酒吧、餐馆、礼品店,也可以近距离感受两岸居民的生活情况。运河上的游船和建筑见图 4-11。

图 4-11　运河游船和建筑

阿姆斯特丹运河被列入《世界遗产名录》后，按照要求政府将运河遗产完整地保留下来，承诺不随意对城市布局进行调整和改变，城市中心区已由工业和商贸中心转为展示城市文化、历史的博物馆。

2. 国外古运河遗产保护利用经验借鉴

（1）出台相应的保护管理规划和法规

完善的保护规划体系和健全的法规制度是国外古运河保护利用的重要指导和遵循，使运河保护利用有法可依、有章可循。法国米迪运河主要适用的法规是《法国公共水域及运河条例》，该条例中设了专门章节（第236~245章）规定米迪运河的管理。1996年申遗成功后虽没有颁布针对米迪运河的新法律，但是出台了很多管理章程，如《米迪运河遗产管理手册》《米迪运河景观建设规章》《建筑和船闸、运河住宅和景观管理手册》《诺鲁兹分水岭管理手册》《植物管理方案》等，对运河的建筑、运河工程和植被管理做了详细的阐述。加拿大丽都运河遵循的法律法规主要包括《安大略遗产法》《土地利用地方法规》《规划法与市政法》等，并在1990年开始编制《里多运河管理规划》，2005年进行了修编，规划制定公众参与基础上的法律政策框架，确保遗产的完整性，指导公共利用的合理性。

（2）保持河道通航能力，确保古运河的完整性、真实性

被列入世界遗产中的米迪运河、丽都运河、比利时中央运河、荷兰阿姆斯特丹运河带和英国的庞特基西斯高架渡槽与运河都维持了河道的畅通和通航能力，河道工程设施、岸上附属设施建筑等仍保持最初的形态特征，体现了较好的完整性、真实性。如米迪运河目前虽已不再运输货物，但是作为法国重要的水路旅游通道，依然发挥着重要的通航功能。加拿大丽都运河在保护管理规划中，强调要保持和维护好运河作为航行的历史水道的传统功能。比利时中央运河上，19世纪末期建造的轮船电梯仍能顺利运作，虽已经不再用于公共货运船舶而成为观光旅游设施，游客乘坐油船可亲身感受百年前的工业杰作带来的震撼。英国的庞特基西斯高架渡槽与运河作为一条历史悠久的、建于工业革命时期的著名运河，整个遗产拥有所有的可以完整表达其价值的必要元素。

（3）明确管理机构及职责

米迪运河实行分级、分类管理。国家管理机构是法国航道管理局（VNF），地方管理机构由图卢兹大区航管局承担，主要负责运河本体保护，运河水利工程维修、建造和运河周边的商业开发，保障河道有关法律法规的施行和内航运

输的组织。其他国家政府相关部门负责行业领域事项,如土地、设施与交通部主要负责水上交通管理和监督;国家建筑与城市管理局下属的大区环境管理局负责受保护遗址和景观的管理;文化部下属的大区文化管理局专门管理被列入《世界遗产名录》的历史纪念物。地方各市镇负责运河景观缓冲保护区内的河道、水渠、景观的管理。

加拿大丽都运河采用垂直管理方式,通过国家公园管理局,加拿大政府与省、市政府一起协调保护与发展的矛盾。加拿大公园管理局负责编制遗产管理规划,制订长远的保护计划,监督、管理运河建筑和工程构造物保持历史肌理,保证安全与合理使用,保护运河河床的考古遗址,并参与城市规划和海滨土地开发回顾,关注敏感地带开发以及运河遗产特征保护。

(4)注重公众参与

国外古运河遗产保护利用中,非常尊重当地民众的意愿,发挥公众参与作用。如加拿大丽都运河在实施“景观廊道策略”时,成立了筹划指导委员会,明确安大略的阿尔冈琴族作为“第一人民”应有4名代表席位;其他一些非政府组织团体和运河廊道居民也为遗产保护做出了重要贡献。米迪运河的“树木重植”计划花费2亿欧元,也主要来源于民众捐款。

(二)中国大运河遗产价值及保护利用

若论中国最著名的古运河遗产,非大运河莫属。中国大运河由京杭大运河、隋唐大运河、浙东运河三部分构成,全长近3 200公里,开凿至今已有2 500多年历史。中国大运河是中国古代建造的伟大工程,在世界运河史上,是开凿时间最早、距离最长、规模最大、延续时间最长、工程技术成就最高、流域最广且正在使用的运河,曾是我国历史上隋朝以后的各朝代漕运、商旅交通、军资调配和水利灌溉的生命线,在文化交流、经济繁荣、政治统一、民族认同等方面都发挥了非常重要的作用。今天的大运河除京杭大运河济宁以南河段仍承担货物运输功能外,其他河段的货物运输功能逐渐淡出历史舞台,但它的历史文化价值却历久弥新、更加凸显。大运河充分展示了我国劳动人民的伟大智慧和勇气,承载着中华民族的悠久历史和灿烂文明,是中华民族最具代表性的文化标识之一,是祖先留给我们的珍贵物质和精神遗产,具有独特的历史文化价值。

2014年6月22日,在卡塔尔多哈召开的联合国教科文组织第38届世界遗产委员会会议上,中国大运河以其突出普遍价值、真实性、完整性以及中国政府为保护运河付出的艰苦努力，得到了世界遗产委员会和国际专业咨询机构的一致认可，审议通过中国大运河被列入《世界遗产名录》，成为中国第32项世界文化遗产。这既是对中国人民伟大创造和智慧结晶的认同，又丰富了世界文化遗产宝库。世界遗产委员会认为，大运河是世界上最长的、最古老的人工水道，也是工业革命前规模最大、范围最广的土木工程项目，它促进了中国南北物资的交流和领土的统一管辖，反映出中国人民高超的智慧、决心和勇气，以及东方文明在水利技术和管理能力方面的杰出成就。历经两千余年的持续发展与演变，大运河直到今天仍发挥着重要的交通、运输、行洪、灌溉、输水等作用，是大运河沿线地区不可缺少的重要交通运输方式，自古至今在保障中国经济繁荣和社会稳定方面发挥了重要的作用。

大运河保护利用工作得到了党中央、国务院和沿线各地政府的高度重视、大力支持。2006年、2013年国务院相继将京杭大运河和大运河整体公布为全国重点文物保护单位。2009年，国务院批准开展大运河保护和申遗工作，大运河保护成为国家重大文化遗产保护工程。在国务院指导下，文化部、国家文物局牵头，沿线8省（市）和国务院13个部门建立了跨地区、跨部门协商机制；在省部会商小组的统一指导和协调下，颁布实施了大运河遗产的专项保护法规、联合协定以及国家级、省级、市级保护规划；完成了大运河全线遗产资源调查；组织实施了一批大运河遗产保护、展示工程；建立了大运河遗产档案和监测系统，大运河遗产的保护管理水平得到显著提升。大运河沿线35个城市还建立了大运河保护和申遗城市联盟，制定《大运河遗产保护联合规定》，进一步确保大运河遗产得到整体保护。

党的十八大以来，党中央、国务院高度重视大运河保护传承利用工作。2017年2月，习近平总书记在北京通州区调研时指出："保护大运河是沿线所有地区的共同责任。"之后，习近平总书记又对"保护好、传承好、利用好"大运河文化遗产多次做出重要批示指示。2019年2月，中共中央办公厅、国务院办公厅专门印发《大运河文化保护传承利用规划纲要》，按照高质量发展要求，从国家战略层面对大运河文化带建设进行顶层设计，为新时代大运河文化保护传承利用描绘了宏伟蓝图。

习近平总书记关于大运河文化保护传承利用的重要批示指示和中共中央办公厅、国务院办公厅印发的《大运河文化保护传承利用规划纲要》，极大调动了沿线省市政府和广大群众保护传承利用大运河文化的积极性。大运河沿线8

省（市）都成立了大运河文化带建设专项工作组，由省（市）委书记或省（市）长担任组长。沿线省市县（区）制定了各自的大运河保护建设实施规划和行动计划，有力推动了大运河文化带建设。

在大运河成为世界文化遗产的巨大影响力推动下，社会各界对大运河保护给予高度关注，掀起认识、研究、爱护大运河的社会热潮，吸引大量社会资源也向大运河遗产保护领域聚集，使遗产保护状况在短时间内得到显著改善，取得了令人鼓舞的成果。目前，运河沿线遗址腾退、文物保护修缮步伐扎实推进，古镇及运河设施保护总体规划编制基本完成，非物质文化遗产得到有效保护，遗产档案和检测系统逐步完备，沿线生态环保和水质、景观环境显著改善，这些都为遗产保护利用奠定了坚实的基础。

大运河保护还坚持将运河遗产保护与延续运河功能相结合、与城镇发展建设相结合、与历史文化展示相结合、与生态环境保护相结合，推动保护利用助力遗产地的经济社会发展，引导并推动沿岸城市文化品位提升、沿岸民众的生活环境和品质改善，逐步成为广大民众宜业宜居的美好家园，成为地方文化建设和经济社会发展的新亮点。2018 年，大运河沿线 8 省（市）文化产业增加值占全国比重已超过 50%；文化产业增加值占 8 省（市）GDP 比重在 5%以上，高出全国平均水平近 1 个百分点；沿线有 93 个 5A 级景区，1 217 个 4A 级景区，旅游总收入超过 5 万亿元，运河沿线已成为我国文化和旅游业发展重要产业带。如山东济宁坚持文旅融合与文经融合一体推动，整合微山县、鱼台县、太白湖新区的微山湖国家湿地公园、南阳古镇景区等 5 个景区，启动微山湖创建国家 5A 级旅游景区工作，着力提升大运河济宁段文旅融合品质，推出儒风运河休闲旅游、水浒运河探访之旅 15 条运河旅游线路。

二、灵渠的保护利用

灵渠作为中国的古运河，是当今世界最古老、保存最完整的人工运河，是秦代三大著名水利工程之一，是世界上第一条跨越分水岭的运河，被誉为“世界古代水利建筑明珠”。灵渠连通了长江、珠江两大水系，克服了五岭交通的障碍，方便了中原与岭南的交通，在促进古代中国的统一和发展、中原与岭南文明的交汇和融合，南北经济贸易往来、南北文化交流和共兴、汉族与少数民族融合、中国与东南亚各国交往方面发挥了重要作用，具有重要的军事、政治、历史、科技、文化价值。历经两千多年，灵渠至今仍发挥着灌溉、排洪、漓江补水等作用，其功能价值还在延续，仍在造福一方百姓。

灵渠作为中国古代运河工程的杰作，两千多年来见证了古代中国的朝代变迁和历史洗礼，饱经风雨，成为一条积淀深厚的历史文化遗产，运河沿线古迹遗存众多，沿岸山清水秀、风景秀丽，历史遗产、人文景观和自然美景和谐交融、独具魅力。在灵渠申请世界文化遗产的背景下，切实做好历史文化遗产合理保护与永续利用工作，既具有重大的历史文化价值，又具有巨大的经济社会价值，也使这一古老的运河能持续为当地的社会经济发展和生态建设发挥更大作用。

（一）灵渠保护利用现状

灵渠自建成以来，因其重要的地位和作用，修缮和维护受到历朝历代的重视，虽经历两千多年的风雨，工程主体形态至今仍基本保持着原貌。现灵渠河道仍保存着秦代开凿时的原始走向形态，河道上的建筑设施乃是唐至清代，但更多的是明清时期的形态特征。灵渠渠首分水系统铧嘴、大天平、渼潭及南北陡门等保存较好，秦堤、泄水天平、黄龙堤、回龙堤、马嘶桥溢水堰、竹枝堰溢水道、湘江故道等溢流工程系统部分设施轻度受损，南北渠道、三里陡、牛角陡、黄家堰等部分陡门和堰坝中度受损，黄龙堤、马嘶桥、太平陡、铁炉陡等溢流坝和陡门受损较严重。灵渠古桥、祠庙等附属建筑物除少部分有损坏外，其他基本保持原来的面貌。

近年来，随着国家加强对文物保护的支持和加大对文物保护资金的投入力度，灵渠申报世界遗产计划实施以及旅游业的兴起，各级政府更加重视灵渠的保护工作，加大了支持力度和投资投入，灵渠的保护修缮及周边环境治理得到进一步加强。国家文物局于分别于 2009 年、2012 年、2014 年、2015 年批复了《广西兴安灵渠北渠第一期维修方案》《广西兴安灵渠渗水治理及环境整治工程方案设计》《灵渠（南渠）一期修缮工程》《灵渠（二期）修缮工程》。2013—2016 年期间，国家下拨灵渠维修资金 1.66 亿元，全面修缮了大小天平坝面，对铧嘴进行了恢复性的修复工作，对秦堤进行了防渗补漏等。目前，这些修缮工程基本完工，灵渠设施状况得到显著改善。为了系统展示灵渠两千多年来的历史文化，凸显其在中国与世界历史中的重要地位、深远意义和功能价值，2017 年兴安县启动了灵渠展示中心（兴安博物馆）建设，2019 年该项目建成。为恢复中断数十年的航运功能，体现灵渠古运河的航运价值，展示灵渠是流淌的、活态的，而不是静态的文化遗产助力申遗工作，2017 年兴安启动灵渠复航工程，争取未来几年内实现全程复航。目前,灵渠南渠一期复航工程已完成,白竹铺驿站至秦城遗址段已实现复航。兴安县还结合生态乡村建设,投入资金5 000多万元,对灵渠沿岸10个村屯及灵渠水街进行了风貌改造;投入资金3 000万元,完成了灵渠周边10个村庄的环境连片整治;投入资金600多万元,修建了灵渠南渠30公里的休闲绿道。通过灵渠修缮工程及周边的环境治理工程,既加强了文物古迹的保护,又改善了周边的景观环境质量,使灵渠又焕发了生机活力,促进了灵渠相关的文旅等产业发展,推动了区域经济发展,进一步增强了沿线群众的获得感、幸福感。

为从规划法规层面加强对灵渠历史遗产的保护,根据国家相关法律法规要求,自治区政府、桂林市及兴安县相关部门相继出台了灵渠保护管理规划和法规文件,逐步建立了灵渠保护管理法规规划体系。其中,2013年3月广西壮族自治区政府颁布实施了《广西壮族自治区灵渠保护管理办法》,使灵渠的保护有了法律保障;2012年11月,经国务院同意,国家发展改革委批复了《桂林国际旅游胜地建设发展规划纲要》,其中将灵渠的保护作为重要工作,灵渠景区也成为桂林重点打造的八大世界级旅游精品之一;2013年7月,经国务院同意,住房和城乡建设部批复了《桂林漓江风景名胜区总体规划(2013—2025)》,该规划将灵渠纳入风景名胜区并作为核心景区,重点突出古代水利工程的遗产价值;近年来,兴安县相继组织编制了《灵渠保护与管理规划》《灵渠总体保护规划》《桂林灵渠景区总体规划》《秦城遗址保护规划大纲》《灵渠展示中心概念性规划》《灵渠文化遗产旅游项目发展战略规划》《中国世界文化遗产预备名单灵渠保护与管理规划》等系列规划,从规划层面确保灵渠保护科学合理。从上述列举的法规规划可以看出,国家、自治区、市、县各级政府对灵渠的保护利用都给予了高度重视,通过不断完善法规规划体系,使灵渠保护利用有法可依、有规可循。

(二)灵渠保护的重要性和迫切性分析

1. 灵渠保护利用面临的挑战和问题

如前所述,近些年对灵渠保护利用正在逐步走上法制化、科学化、规范化轨道,维护修缮使灵渠焕发生机活力,生态环境综合整治使灵渠沿岸风光更加秀美。但在灵渠沿线实地调研时,也发现一些灵渠遗产设施保护方面需要引起重视的问题。

(1)灵渠遗产保护力度需要进一步加强

一是灵渠文化遗产设施保护状况有较大差异。由于前些年国家文物保护投入不多,地方经济发展水平不高,灵渠在文化遗址保护、文物修缮等方面"欠账"较多,一些设施没有得到及时保护修缮。从灵渠全河段保护状况看,渠首、南渠人工河道保存较好,但半人工河段和天然河段的部分堰坝、陡门破损较重,运河沿线的漕运码头、城址等破损也较重。

二是灵渠沿线在发展经济、城镇化建设、旅游开发、工农业开发过程中,对灵渠的保护带来很大冲击,沿岸的自然环境、生态环境及运河部分河道被侵占、设施损坏现象时有发生。目前,灵渠文化遗产保护面临的首要问题是城市、城镇化及工业区建设不断扩张对运河周边土地的侵蚀,造成运河周边历史环境的破坏及沿线空间的开敞性、视觉通透性,进而影响运河的整体形象。

三是灵渠航道保护资源有待加强。近些年,322 国道等国省道跨灵渠桥梁的建设,因桥梁净空、净宽对船舶通航考虑不周,对灵渠今后全线通航产生较大影响。

(2)灵渠历史文化研究需要拓展和深入

灵渠虽有两千多年的历史,但相对大运河、都江堰等我国著名的水利设施,其历史文化研究的广度、深度和水平差距明显,需要拓展和深入。灵渠历史文化研究需要拓展和深入的领域主要体现在以下方面。

一是加强对历史文献档案系统性整理和基础性研究。历史文献是人们认识灵渠发展历史的基础,也是开展各方面研究的基础性资料。灵渠历史文化研究涉及政治、军事、经济、人文及古代治水思想、工程技术、漕运等多方面文献档案,在灵渠申遗及保护利用过程中,需要对这些史料进行系统整理,以便更全面认识灵渠历史,开展广泛的研究和解读。

二是深入挖掘灵渠历史文化。目前,有关灵渠的研究成果多集中在灵渠工程技术本身,微观层面较多,宏观层面较少,特别是历史文化史实考证方面还需要深入挖掘研究。如果没有大量细致入微的考证和对历史变迁的梳理,就无法对灵渠历史遗产的工程设施、历史文化的完整性形成深刻、清晰的认识,科学保护与合理利用也就难以把握正确方向。

三是拓展灵渠历史遗产研究范围。灵渠作为我国古代著名的水利工程,历经两千多年积淀,在军事、政治、经济、文化、社会、环境等方面都产生了重要影响。而从目前的灵渠研究成果看,研究人员有关工程方面的研究成果较多,而关于政治、社会、经济、环境方面的成果较少。灵渠作为历史文化遗产，经过历代积淀形成的军事政治影响、南北文化交流融合、经济贸易体系、交通发展变迁、环境生态资源等，都需要深入拓展研究与认知。

四是壮大灵渠研究力量。目前，灵渠的主要研究力量集中在广西桂林及兴安县党政机关、事业单位及当地民间，国内水利科研院所以及企业和民间也有，研究队伍还不够强大，研究的系统性、综合性不强，研究领域不广，并存在重复研究问题。在灵渠申遗背景下，亟待壮大政府社会各界研究力量，并加强统筹协调，形成合力，系统推进，进而保障研究成果有效服务于申遗及保护利用工作。

(3)灵渠生态环境保护有待加强

良好的生态环境是灵渠申遗和文化遗产保护利用的基础条件，水环境及运河沿线环境状况直接影响着运河遗产的保护利用。灵渠沿线风光秀丽，水环境和自然生态环境基础非常好。但在沿线调研时，调研组也发现一些河段还存在城市、农村居民生活污水未经处理达标直接外排到河道，生活垃圾收集及建筑垃圾收运不彻底污染河岸沿线，采石场、水泥厂等产生的工业废气造成空气污染等问题。这些现象需要引起相关部门重视，并加大力度进行治理，确保灵渠沿线实现水清、景美。

(4)政策法规还需完善，管理机制有待健全

目前的《中华人民共和国文物保护法》及《广西壮族自治区灵渠保护办法》是灵渠保护主要遵循的法律法规，但这些法律法规在协调灵渠宏观决策、规划建设、多部门协调、社会管理、惩罚措施等方面还不能满足保护管理要求，现有涉及灵渠保护管理的各部门规章也是各管一摊，不能完全覆盖灵渠的整体保护。当前，为更好地保护利用灵渠，亟须尽快完善有关法律规章。

按《广西壮族自治区灵渠保护办法》的规定，灵渠的保护实行政府统一领导、部门分工负责、社会共同参与的管理体制。自治区文物行政主管部门对灵渠保护工作给予指导、服务和监督；桂林市人民政府负责建立灵渠保护协调机制，制定保护政策，协调解决灵渠保护工作中的重大问题；兴安县人民政府将灵渠保护纳入国民经济和社会发展规划，灵渠保护管理机构具体负责灵渠的保护管理；有关部门在各自职责范围内协助做好灵渠保护工作。从灵渠管理体制上可以看出，目前灵渠管理纵向上分级别、横向上分部门，具体管理由兴安县灵渠保护管理机构负责。目前，兴安县灵渠管理处具体负责灵渠的保护管理，水利、

交通、住建、环保、土地等众多行业部门协助保护工作。从灵渠管理实践看,纵向上负责灵渠保护的灵渠管理处由于是事业单位,不具备对相应法规的执行权力,且在管理协调、人员数量、保障经费来源以及监管力度上还存在不足之处,横向上仍然存在部门管理职责不清晰的问题,部门间协调配合缺乏统筹,难以形成合力。为了引入足够的资金,发展灵渠景区旅游业,2009 年 8 月兴安县人民政府与广西国悦集团有限公司签署协议,广西国悦集团有限公司获得灵渠、水街两处景区 40 年的经营权,景区经营具体由桂林国悦灵渠旅游开发集团有限公司负责。因此,景区经营与遗产保护权是分离的,其中历史文化遗产保护及维护由文物部门负责,而具有自然文化景观特性的文化遗产由景区负责。地方政府则作为文化遗产保护的主要管理者和领导者,统筹兼顾。从近些年的操作实践看,由于文化遗产本身属于自然文化景观还是历史文物的界定往往比较模糊,加之遗产保护责任分工上又没有具体明晰的规定,所以旅游业的发展与遗产保护还存在一定的不协调,如涉及各方利益的问题会出现相互扯皮,无法切实得到解决。因此,如何做到景区旅游业发展与文化遗产保护实现协调,在管理机制上亟待健全。

2. 灵渠保护的重要性和迫切性

(1)灵渠保护的重要性

灵渠作为历经两千多年的著名历史文化遗产,是中华民族祖先留下的宝贵财富,是中国古代劳动人民的伟大创造,加强对其保护,对尊重和传承祖先遗产、弘扬中华文化、增强文化自信、提升文化影响力具有划时代的重要意义。当前,一方面要全力将灵渠申请为世界文化遗产,另一方面更要加强保护和管理,正确处理保护与利用、保护与发展、保护与传承的关系。在这些关系中,保护是基础,传承是核心,利用是关键。保护总是第一位的,只有有效保护,才能谈得上传承、利用。对灵渠进行保护的重要性主要体现在以下三个方面。

一是使灵渠文化遗产拥有尊严。灵渠古运河是我们的祖先在了解自然、尊重自然、顺应自然、改造自然的过程中创造的一项伟大工程奇迹,凝聚着中华民族的创造力和勤劳智慧,是祖先留下的智慧结晶和宝贵财富。我们要始终怀着尊重和敬畏的态度,把祖先留下的这份珍贵遗产保护好,不破坏一石一木,保持它的完整性及基本特征,使灵渠古运河文化遗产拥有尊严。我们尊重灵渠遗产,也就是尊重祖先、尊重历史、尊重民族文化。

二是使灵渠文化遗产得到传承。灵渠古运河是祖先留给后人的具有文化价值的财产，承载了中华民族的历史，这份遗产不但属于我们，也属于我们的子孙后代。祖先留下的遗产并非只为今日的人们所独享，更要将其世代传承。我们当代人的义务就是不遗余力地保持灵渠风貌，把历史遗存完整地传给下一代，而不是大力地去开发，否则将会成为千古罪人。

三是使灵渠文化遗产实现复兴。对待灵渠文化遗产保护，我们不仅要尽职尽责、恪尽职守，而且要有更大的追求，要在保护中利用灵渠的历史文化资源，在保护中实现灵渠文化遗产的复兴。也就是说，我们不但要做灵渠的守护者，更要做灵渠价值的发现者和缔造者，使灵渠文化遗产能够促进经济社会发展，使保护成果能够惠及广大民众，特别是当地的民众，提高人民生活水平。为此，我们要着力塑造灵渠的文化、旅游工作，打造文化旅游品牌，加快发展特色文化产业，使灵渠文化更加繁荣，旅游更加兴盛，当地经济更加发达，百姓更加富裕。

(2)灵渠保护的迫切性

随着经济社会的发展，灵渠的传统运输功能已经改变，河道、沿河风貌和百姓生活环境都发生了巨大变化，当前又面临着城市规模扩张、农村城镇化建设、灵渠旅游开发建设的严峻挑战。同时，灵渠作为活态、灌溉功能在用的文化遗产，还面临着自身功能发挥的问题，处理好与水利的矛盾是一个新的课题。如果再不加强保护，灵渠的历史文化遗存、风光景物和自然生态环境就会不可避免地遭到破坏，真实性和完整性就会不复存在，这将是中华民族不可挽回的巨大损失。对灵渠进行保护、实现可持续发展已经到了紧要关头。因此，我们一方面要加强管理和监测，防止城镇化建设、旅游开发造成的破坏；另一方面要加强活态遗产保护的研究，为发展水利事业、航运事业创造条件。地方各级政府和有关部门要从对国家和历史负责的高度、从维护国家文化安全的高度，充分认识保护灵渠古运河历史遗产的重要性，进一步增强责任感和紧迫感，切实做好保护工作。

(三)灵渠遗产保护与可持续利用的思路

灵渠的保护、传承和利用，特别是恢复原始的通航功能尤为重要，诚然现代运输方式的发展使灵渠已无须承担货运功能，现在要发挥其水上旅游客运功能。通航后的灵渠既可让现代人直接或间接感受到灵渠所体现出的古代“天人合一”的治水思想，泽被后世的航运、水利以及环境诸多方面的智慧和成就，也能使国人和世界更多、更深入地了解中国及灵渠历史、文化以及中华民族的智慧和精神，深切体会灵渠不仅是中华民族珍贵的历史文化、水利遗产，也是世界运河发展史上重要的里程碑和符号。

进入新世纪以来，全社会文物保护和生态保护的意识大幅提高，在各级政府及文物保护的重视和支持下，灵渠保护维护修缮工程逐步实施，生态环境综合整治取得较好成效，面貌焕然一新，也为灵渠遗产的保护、复兴与可持续发展奠定了基础。另外，随着灵渠申请世界文化遗产项目的逐步推进及成功入选"世界灌溉工程遗产"名录，这一古老运河价值将被国人及世界各国人民认可、认识、了解和喜爱，为其保护、复兴提供了前所未有的良好环境和机遇，也会为可持续利用开辟了更为广阔的前景。

面对灵渠古运河新的历史发展机遇和发展环境，以及申请世界遗产的挑战，灵渠的遗产保护与可持续利用更加需要科学的论证和规划，以系统筹划、保护优先、绿色生态、协调发展、传承创新、以人为本、打造品牌等认识、理念和思路，指引保护利用方向，使灵渠重新焕发活力，成为中国古运河遗产的新亮点、新品牌。

1. 保护与发展需要系统筹划

灵渠保护与发展涉及文化遗产保护传承、河道水系及沿岸治理管护、生态环境保护修复、文化和旅游融合发展、城乡统筹协调等诸多方面，应树立系统思维和整体观念，站在更高层面上，强化顶层设计，组织编制好总体规划及文化遗产保护传承、文化价值阐释弘扬、生态建设、河道水系治理管护、航运建设发展、文化旅游融合发展等专项规划，建立部门协同机制，集合资源和力量统筹推进灵渠保护、传承、利用等工作，做到既要保护好遗产和弘扬文化，又要实现生态绿色，也要实现文化旅游及产业的融合，惠及民生，促进经济社会发展。

2. 发展过程中必须坚持保护优先

推进灵渠发展，首要的任务是妥善保护灵渠历史文化遗产的真实性、完整性，确保其延续性。只有先做好保护工作，灵渠才能谈得上传承利用，实现其他目标才有底气和保证质量。与多数文化遗产不同，灵渠文化遗产是流动的、活态的，属于"活态"遗产，而非"静态"遗产。这种独特性决定了对灵渠遗产保护不应是被动的静态保护，而应该是积极的活态保护。这种活态保护，一方面包含文化价值遗存文物的科学保护，即对运河遗产监测及整体性保护、遗产本体修缮、环境风貌综合整治、安全防范和规范遗产区内建设工程等，以及对运河沿线名镇名村等历史文化聚落的整体保护，延续传统格局和历史风貌；另一方面包含有效功能延续和合理利用,即继续发挥运河的灌溉、防洪、排涝功能,恢复其通航功能,让游客切身感受到古人的伟大成就和对社会的重要作用。通过这些活态保护措施,一方面可维护灵渠遗产价值内涵及物质遗存的真实性、完整性等文化价值,避免过度复原和强制性发展某一功能而对真实性造成破坏,另一方面可按照适度、合理、可持续性等要求,充分发挥其文化教育、航运水利、生态环保、旅游休闲等功能,保证其功能的延续性。

3. 绿色生态是基础

灵渠水清如镜,两岸青翠碧绿、古树参天,景色如画,生态环境保持得非常好,成为灵渠亮丽的底色,为灵渠保护、传承和利用提供了有力的生态保障,奠定了可持续利用的基础。虽然灵渠在绿色生态方面基础较好,但随着兴安工业化、城镇化及旅游业的兴起,也面临着严峻的挑战。绿色生态作为灵渠永续发展的基础,必须持之以恒,坚持把生态文明建设放在更加突出的位置,牢固树立"绿水青山就是金山银山"的发展理念,以深入推进水生态文明建设为"抓手",以灵渠河道治理和生态环境保护修复为重点,打造高颜值的绿色生态灵渠古运河长廊,实现运河两岸生态文明与遗产保护、文化繁荣、旅游兴旺之间互相促进的可持续发展局面,开启新时代灵渠古运河人与自然和谐共生的场景。

推进灵渠遗产保护和绿色生态建设必须有沿河民众、企业的参与,实现社会共治。同时,要与时俱进宣传贯彻和普及生态文明建设理念,通过开展博物馆活动,进社区、进学校、进机关、进企业普及灵渠文化,利用微信、微博等渠道提升运河沿岸民众、企业的生态绿色文明意识,使沿岸民众、企业认识到灵渠生态保护也是他们的责任和义务,形成遗产生态保护的社会共识,使他们自觉加入绿色生态建设队伍中。

4. 实现全面协调发展

灵渠保护、传承和利用要体现全面协调发展的思想。灵渠各项保护和发展的各项任务,都要做合理的规划、分工、布置,包括文物保护、文化价值研究、水系治理、水上旅游、文化旅游资源开发利用以及制度创新等,这一系列重要任务安排,都需要做好谋篇布局、协同推进,实现协调发展。

5. 体现古为今用、传承与创新

灵渠古运河文化遗产的传承和发展,必须适应时代发展需要和体现古为今用的发展诉求,对运河文化、运河艺术、运河故事等精神文化价值进行深入挖掘和阐述,赋予时代新的内涵,使古老的运河文化活起来,焕发出新时代的生机和活力，推动运河文化创造性转化、创新性发展，促进灵渠古运河文化与传统、现代文化融合，提升文化价值引领力，充分展示“文化自信”。

6. 保护和发展要以人为本

推进灵渠的保护和发展，必须坚持以人为本。在遗产保护利用、旅游开发、产业发展等方面，要以满足人民对美好生活向往为目标，始终把群众利益放在首位，不让世代居住的群众因旅游开发而离开，他们始终是灵渠的守护者，是发展的受益者。借鉴国内外运河古镇保护利用成功经验，以文旅融合和运河古村镇建设为载体，让群众积极参与到文旅产业中去，推动运河区域经济发展，让灵渠古运河文旅发展成果与人民共享，使沿线群众感受到实实在在的幸福感、获得感。

7. 讲好灵渠古运河故事

灵渠古运河虽水路联通南北、横跨古今，蕴含着中华民族勤劳智慧勇敢的民族精神和多元一体、博大精深的民族文化，但因偏于一隅及遗产传承载体和传播渠道有限，使得灵渠古运河遗产的影响力和吸引力明显不足。在灵渠申请世界遗产、传承和弘扬灵渠文化，促进灵渠文化繁荣的今天，需要深入挖掘灵渠古运河文化，讲好灵渠故事。借鉴世界其他国家及中国运河文化遗产保护发展经验，结合灵渠的实际情况，要讲好灵渠古运河故事，需要加强以下工作。

首先，要加强灵渠历史文化学术研究。丰厚的历史文化是讲好故事的基础，深入的学术研究是讲好故事的前提。因此，必须将灵渠运河文明，如水利技术、治水精神、漕运历史、商贾文化、诗词歌赋等运河不同文化特性挖掘出来、整理出来，形成多元的古运河文化，为讲好灵渠故事提供丰富的素材。同时，将运河文化研究内容扩展到戏曲、舞蹈、文学、民间艺术等非物质文化遗产方面，构建灵渠古运河文化遗产研究的大系列，全面系统挖掘运河文化。总之，我们要发掘灵渠古运河文化的丰富内涵，讲好运河故事，以此扩大灵渠文化影响，增强认知力，使灵渠的文脉成为有源活水，长流不息。

其次，要将灵渠文化传播出去。灵渠文化经过深入研究后，会形成丰富的研究成果，随之我们就要考虑怎么样把这些文化利用现代媒介传播出去，使人们能够了解运河、关心运河、热爱运河，不断提升运河文化的影响力和魅力。如何用传统的电视、报纸、出版物、运河题材的影视剧及现代的网络、新媒体、移动新媒体等各种各样今天能够喜闻乐见的形式来进行传播，这是讲好运河故事一个很重要的方面。

再次,造就灵渠品牌,进行品牌推广。目前,围绕灵渠古运河,兴安已打造了多个民俗文化品牌活动,如秦文化旅游节、龙舟赛、米粉文化节等文化和美食节活动,特别是一些民俗的龙船调、彩调、打糍粑等活动以及一些论坛活动,这些都是一些品牌活动,应该通过各种形式进行品牌推广。

(四)灵渠保护利用的具体措施

1. 强化顶层设计和战略思考

为深入挖掘灵渠古运河丰富的历史文化资源,切实做到保护、传承、利用好灵渠这一祖先留给我们的宝贵遗产,统筹灵渠区域经济社会发展,助推灵渠申请世界文化遗产,打造宣传灵渠形象,展示灵渠古运河的独特魅力,彰显灵渠的亮丽名片,我们需要站在民族文化遗产传承的高度,加快灵渠保护传承利用的顶层设计,做好灵渠的专项研究与总体规划,处理好保护与利用、整体与部分、短期与长期的关系,将灵渠打造成中国古运河品牌。因此,建议由相关政府部门、科研单位、专家学者等联合组建战略规划小组,在参考和整合灵渠现有规划如《灵渠保护规划》的基础上,高质量编制灵渠保护传承利用总体规划,以利于深入挖掘和丰富文化内涵、强化文化遗产保护传承、推动文化和旅游融合发展。顶层设计将从全局和整体的高度,明确灵渠保护利用传承的指导思想、原则和发展目标,明确保护发展空间功能布局,确定发展侧重点,促进部门间和社会各方面的协同合作,引领灵渠古运河健康科学发展。

2. 推进灵渠保护法治建设

加快制定相关保护条例及其配套实施细则,为保护、传承、利用好灵渠提供基本的规制与遵循,为灵渠古运河遗产的永续发展奠定法制基石。从国内国际经验上,通过立法推动文化遗产保护和利用是非常重要的经验。因此,应尽快制定灵渠文化遗址、历史风貌保护、生态环境等方面的法规条例。目前,广西壮族自治区相关部门已出台了《灵渠保护办法》,但就整体而言,当前的管理办法可操作性还存在一定不足,法律的约束力不够。为此,应参考国家其他文化遗产保护条例,尽快制定保护条例,运用法律法规为灵渠古运河的发展保驾护航。同时,广泛开展依法行政、遵纪守法教育,将法治思维内化为灵渠沿线广大干部群众的自觉行动。

3. 加强文化遗产保护利用的统筹协调和管理

针对灵渠保护传承利用涉及多行业领域、多部门,职责与责任的多样性与交叉性，建议建立灵渠保护传承利用工作协调机制，加强国家文物主管部门、自治区、桂林市及兴安县间的工作协调指导；创新管理体系和治理模式，构建政府、公众、企业、社会组织、专业机构协同的社会多元参与机制，调动各方的积极性；优化灵渠管理部门人员结构，增加文化研究、宣传推广、档案管理、技术开发与综合运营等方面人才。

4. 加大灵渠文化的宣传力度

我国有关灵渠的学术研究成果不多，也较为分散，应加强相关学术研究，充分挖掘灵渠文化丰富内涵和独特价值。建议有关部门组建灵渠古运河研究、咨询机构，发挥专家智库作用，重点开展对灵渠运河文化遗产保护、非物质文化遗产传承以及灵渠沿线古村镇等的研究；加强国内交流与合作，与大运河文化研究机构和国内文化遗产研究结构开展合作，加强与联合国教科文组织世界遗产中心等国际组织交流合作等；搭建宣传展示平台，实施灵渠文化数字化工程、举办论坛、主题文化活动、创作灵渠故事等，拓展灵渠宣传推广渠道，积极开展灵渠文化保护传承利用的宣传推广；借助广播、电视、互联网等现代媒体，积极采用微博、微信、微电影等新媒体手段，构建公众参与平台，提升灵渠运河文化的亲和力与影响力，促进灵渠文化的传播和灵渠文化“走出去”。

5. 完善政策支持和资金保障

要积极对接国家文化遗产保护政策，推动灵渠更多保护项目纳入国家遗产保护规划，争取更多国家政策性资金和专项资金扶持；强化政策支持，对灵渠遗产保护、文化传承、交通环保及补水工程等基础设施项目，国家有关部门、自治区及桂林市、兴安县都要从遗产保护大局出发，给予资金保障；探索设立灵渠文化遗产建设专项基金，依托国家、自治区及市县财政资金，联合金融机构和国有企业，引导带动社会资本参与灵渠文化遗产建设。